사고력도 탄탄! 창의력도 탄탄!
수학 일등의 지름길 「기탄사고력수학」

♔ 단계별·능력별 프로그램식 학습지입니다

유아부터 초등학교 6학년까지 각 단계별로 4~6권씩 총 52권으로 구성되었으며, 처음 시작할 때 나이와 학년에 관계없이 능력별 수준에 맞추어 학습하는 프로그램식 학습지입니다.

♔ 사고력·창의력을 키워 주는 수학 학습지입니다

다양한 사고 단계를 거쳐 문제 해결력을 높여 주며, 개념과 원리를 이해하도록 하여 수학적 사고력을 키워 줍니다. 또 수학적 사고를 바탕으로 스스로 생각하고 깨닫는 창의력을 키워 줍니다.

♔ 유아 과정은 물론 초등학교 수학의 전 영역을 골고루 학습합니다

운필력, 공간 지각력, 수 개념 등 유아 과정부터 시작하여, 초등학교 과정인 수와 연산, 도형 등 수학의 전 영역을 골고루 다루어, 자녀들의 수학적 사고의 폭을 넓히는 데 큰 도움을 줍니다.

♔ 학습 지도 가이드와 다양한 학습 성취도 평가 자료를 수록했습니다

매주, 매달, 매 단계마다 학습 목표에 따른 지도 내용과 지도 요점, 완벽한 해설을 제공하여 학부모님께서 쉽게 지도하실 수 있습니다. 창의력 문제와 수학 경시 대회 예상 문제를 단계별로 수록, 수학 실력을 완성시켜 줍니다.

♔ 과학적 학습 분량으로 공부하는 습관이 몸에 배입니다

하루 10~20분 정도의 과학적 학습량으로 공부에 싫증을 느끼지 않게 하고, 학습에 자신감을 가지도록 하였습니다. 매일 일정 시간 꾸준하게 공부하도록 하면, 시키지 않아도 공부하는 습관이 몸에 배게 됩니다.

「기탄사고력수학」은 체계적이고 장기적인 프로그램으로 꾸준히 학습하면 반드시 성적으로 보답합니다

✿ 스몰 스텝(Small Step)방식으로 꾸준히 학습하면 성적이 올라갑니다

「기탄사고력수학」은 단순히 문제만 나열한 문제집이 아닙니다. 체계적이고 장기적인 학습프로그램을 통해 수학적 사고력과 창의력을 완성시켜 주는 스몰 스텝(Small Step)방식으로 꾸준히 학습하면 반드시 성적이 올라갑니다.

✿ 하루 3장, 10~20분씩 규칙적으로 학습하게 하세요

매일 일정 시간에 일정한 학습량을 꾸준히 재미있게 해야만 학습효과를 높일 수 있습니다. 주별로 분철하기 쉽게 제본되어 있으니, 교재를 구입하시면 먼저 분철하여 일주일 학습 분량만 자녀들에게 나누어 주세요. 그래야만 아이들이 학습 성취감과 자신감을 가질 수 있습니다.

✿ 자녀들의 수준에 알맞은 교재를 선택하세요

〈기탄사고력수학〉은 유아에서 초등학교 6학년까지, 나이와 학년에 관계없이 학습 난이도별로 자신의 능력에 맞는 단계를 선택하여 시작하는 능력별 교재입니다. 그러나 자녀의 수준보다 1~2단계 낮춘 교재부터 시작하면 학습에 더욱 자신감을 갖게 되어 효과적입니다.

교재 구분	교재 구성	대 상
A단계 교재	1, 2, 3, 4집	4세 ~ 5세 아동
B단계 교재	1, 2, 3, 4집	5세 ~ 6세 아동
C단계 교재	1, 2, 3, 4집	6세 ~ 7세 아동
D단계 교재	1, 2, 3, 4집	7세 ~ 초등학교 1학년
E단계 교재	1, 2, 3, 4, 5, 6집	초등학교 1학년
F단계 교재	1, 2, 3, 4, 5, 6집	초등학교 2학년
G단계 교재	1, 2, 3, 4, 5, 6집	초등학교 3학년
H단계 교재	1, 2, 3, 4, 5, 6집	초등학교 4학년
I단계 교재	1, 2, 3, 4, 5, 6집	초등학교 5학년
J단계 교재	1, 2, 3, 4, 5, 6집	초등학교 6학년

「기탄사고력수학」으로
수학 성적 올리는 *일등비법*을 공개합니다

※ 문제를 먼저 풀어 주지 마세요

기탄사고력수학은 직관(전체 감지)을 논리(이론과 구체 연결)로 발전시켜 답을 구하도록 구성되었습니다. 쉽게 문제를 풀지 못하더라도 노력하는 과정에서 더 많은 것을 얻을 수 있으니, 약간의 힌트 외에는 자녀가 스스로 끝까지 문제를 풀어 나갈 수 있도록 격려해 주세요.

※ 교재는 이렇게 활용하세요

먼저 자녀들의 능력에 맞는 교재를 선택하세요. 그리고 일주일 분량씩 분철하여 매일 3장씩 풀 수 있도록 해 주세요. 한꺼번에 많은 양의 교재를 주시면 어린이가 부담을 느껴서 학습을 미루거나 포기하기 쉽습니다. 적당한 양을 매일매일 학습하도록 하여 수학 공부하는 재미를 느낄 수 있도록 해 주세요.

※ 교재 학습 과정을 꼭 지켜 주세요

한 주 학습이 끝날 때마다 창의력 문제와 경시 대회 예상 문제를 꼭 풀고 넘어가도록 해 주시고, 한 권(한 달 과정)이 끝나면 성취도 테스트와 종료 테스트를 통해 스스로 실력을 가늠해 볼 수 있도록 도와 주세요. 문제를 다 풀면 반드시 해답지를 이용하여 정확하게 채점해 주시고, 틀린 문제를 체크해 놓았다가 다음에는 확실히 풀 수 있도록 지도해 주세요.

※ 자녀의 학습 관리를 게을리 하지 마세요

수학적 사고는 하루 아침에 생겨나는 것이 아닙니다. 날마다 꾸준히 규칙적으로 학습해 나갈 때에만 비로소 수학적 사고의 기틀이 마련되는 것입니다. 교육은 사랑입니다. 자녀가 학습한 부분을 어머니께서 꼭 확인하시면서 사랑으로 돌봐 주세요. 부모님의 관심 속에서 자란 아이들만이 성적 향상은 물론 이 사회에서 꼭 필요한 인격체로 성장해 나갈 수 있다는 것도 잊지 마세요.

기탄 고력수학 교재별 학습 내용

A 단계 교재

A - ❶ 교재

나와 가족에 대하여 알기
바른 행동 알기
다양한 선 그리기
다양한 사물 색칠하기
○△□ 알기
똑같은 것 찾기
빠진 것 찾기
종류가 같은 것과 다른 것 찾기
관찰력, 논리력, 사고력 키우기

A - ❷ 교재

필요한 물건 찾기
관계 있는 것 찾기
다양한 기준에 따라 분류하기
(종류, 용도, 모양, 색깔, 재질, 계절, 성질 등)
두 가지 기준에 따라 분류하기
다섯까지 세기
변별력 키우기
미로 통과하기

A - ❸ 교재

다양한 기준으로 비교하기
(길이, 높이, 양, 무게, 크기, 두께, 넓이, 속도, 깊이 등)
시간의 순서 비교하기
반대 개념 알기
3까지의 숫자 배우기
그림 퍼즐 맞추기
미로 통과하기

A - ❹ 교재

최상급 개념 알기
다양한 기준으로 순서 짓기 (크기, 시간, 길이, 두께 등)
네 가지 이상 비교하기
이중 서열 알기
ABAB, ABCABC의 규칙성 알기
다양한 규칙 이해하기
부분과 전체 알기
5까지의 숫자 배우기
일대일 대응, 일대다 대응 알기
미로 통과하기

B 단계 교재

B - ❶ 교재

열까지 세기
9까지의 숫자 배우기
사물의 기본 모양 알기
모양 구성하기
모양 나누기와 합치기
같은 모양, 짝이 되는 모양 찾기
위치 개념 알기 (위, 아래, 앞, 뒤)
위치 파악하기

B - ❷ 교재

9까지의 수량, 수 단어, 숫자 연결하기
구체물을 이용한 수 익히기
반구체물을 이용한 수 익히기
위치 개념 알기 (안, 밖, 왼쪽, 가운데, 오른쪽)
다양한 위치 개념 알기
시간 개념 알기 (낮, 밤)
구체물을 이용한 수와 양의 개념 알기
(같다, 많다, 적다)

B - ❸ 교재

순서대로 숫자 쓰기
거꾸로 숫자 쓰기
1 큰 수와 2 큰 수 알기
1 작은 수와 2 작은 수 알기
반구체물을 이용한 수와 양의 개념 알기
보존 개념 익히기
여러 가지 단위 배우기

B - ❹ 교재

순서수 알기
사물의 입체 모양 알기
입체 모양 나누기
두 수의 크기 비교하기
여러 수의 크기 비교하기
0의 개념 알기
0부터 9까지의 수 익히기

C 단계 교재

C - ❶ 교재	C - ❷ 교재
구체물을 통한 수 가르기 반구체물을 통한 수 가르기 숫자를 도입한 수 가르기 구체물을 통한 수 모으기 반구체물을 통한 수 모으기 숫자를 도입한 수 모으기	수 가르기와 모으기 여러 가지 방법으로 수 가르기 수 모으고 다시 수 가르기 수 가르고 다시 수 모으기 더해 보기 세로로 더해 보기 빼 보기 세로로 빼 보기 더해 보기와 빼 보기 바꾸어서 셈하기

C - ❸ 교재	C - ❹ 교재
길이 측정하기 높이 측정하기 넓이 측정하기 크기 측정하기 둘레 측정하기 무게 측정하기 부피 측정하기 들이 측정하기 활동 시간 알아보기 시간의 순서 알아보기 여러 가지 측정하기	열 개 열 개 만들어 보기 열 개 묶어 보기 자리 알아보기 수 '10' 알아보기 10의 크기 알아보기 더하여 10이 되는 수 알아보기 열다섯까지 세어 보기 스물까지 세어 보기

D 단계 교재

D - ❶ 교재	D - ❷ 교재
수 11~20 알기 11~20까지의 수 알기 30까지의 수 알아보기 자릿값을 이용하여 30까지의 수 나타내기 40까지의 수 알아보기 자릿값을 이용하여 40까지의 수 나타내기 자릿값을 이용하여 50까지의 수 나타내기 50까지의 수 알아보기	상자 모양, 공 모양, 둥근기둥 모양 알아보기 공간 위치 알아보기 입체도형으로 모양 만들기 여러 방향에서 본 모습 관찰하기 평면도형 알아보기 선대칭 모양 알아보기 모양 만들기와 탱그램

D - ❸ 교재	D - ❹ 교재
덧셈 이해하기 10이 되는 더하기 여러 가지로 더해 보기 덧셈 익히기 뺄셈 이해하기 10에서 빼기 여러 가지로 빼 보기 뺄셈 익히기	조사하여 기록하기 그래프의 이해 그래프의 활용 분수의 이해 시간 느끼기 사건의 순서 알기 소요 시간 알아보기 달력 보기 시계 보기 활동한 시간 알기

단계 교재

E - ❶ 교재	E - ❷ 교재	E - ❸ 교재
사물의 개수를 세어 보고 1, 2, 3, 4, 5 알아보기 0의 개념과 0~5까지의 수의 순서 알기 하나 더 많다, 적다의 개념 알기 두 수의 크기 비교하기 사물의 개수를 세어 보고 6, 7, 8, 9 알아보기 0~9까지의 수의 순서 알기 하나 더 많다, 적다의 개념 알기 두 수의 크기 비교하기 여러 가지 모양 알아보기, 찾아보기, 만들어 보기 규칙 찾기	두 수로 가르기 두 수를 모으기 가르기와 모으기 덧셈식 알아보기 뺄셈식 알아보기 길이 비교해 보기 높이 비교해 보기 무게 비교해 보기 넓이 비교해 보기	수 10(십) 알아보기 19까지의 수 알아보기 몇십과 몇십 몇 알아보기 물건의 수 세기 50까지 수의 순서 알아보기 두 수의 크기 비교하기 분류하기 분류하여 세어 보기
E - ❹ 교재	**E - ❺ 교재**	**E - ❻ 교재**
수 60, 70, 80, 90 99까지의 수 수의 순서 두 수의 크기 비교 여러 가지 모양 알아보기, 찾아보기 여러 가지 모양 만들기, 그리기 규칙 찾기 10을 두 수로 가르기 10이 되도록 두 수를 모으기	10이 되는 더하기 10에서 빼기 세 수의 덧셈과 뺄셈 (몇십)+(몇), (몇십 몇)+(몇), (몇십 몇)+(몇십 몇) (몇십 몇)-(몇), (몇십 몇)-(몇십 몇) 긴바늘, 짧은바늘 알아보기 몇 시 알아보기 몇 시 30분 알아보기	세 수의 덧셈 받아올림이 있는 (몇)+(몇) 받아내림이 있는 (십 몇)-(몇) 세 수의 계산 덧셈식, 뺄셈식 만들기 □가 있는 덧셈식, 뺄셈식 만들기 여러 가지 방법으로 해결하기

단계 교재

F - ❶ 교재	F - ❷ 교재	F - ❸ 교재
백(100)과 몇백(200, 300, ……)의 개념 이해 세 자리 수와 뛰어 세기의 이해 세 자리 수의 크기 비교 받아올림이 있는 (두 자리 수)+(한 자리 수)의 계산 받아내림이 있는 (두 자리 수)-(한 자리 수)의 계산 세 수의 덧셈과 뺄셈 선분과 직선의 차이 이해 사각형, 삼각형, 원 등의 여러 가지 모양 쌓기나무로 똑같이 쌓아 보고 여러 가지 모양 만들기 배열 순서에 따라 규칙 찾아내기	받아올림이 있는 (두 자리 수)+(두 자리 수)의 계산 받아내림이 있는 (두 자리 수)-(두 자리 수)의 계산 여러 가지 방법으로 계산하고 세 수의 혼합 계산 길이 비교와 단위길이의 비교 길이의 단위(cm) 알기 길이 재기와 길이 어림하기 어떤 수를 □로 나타내기 덧셈식·뺄셈식에서 □의 값 구하기 어떤 수를 구하는 식 만들기 식에 알맞은 문제 만들기	시각 읽기 시각과 시간의 차이 알기 하루의 시간 알기 달력을 보며 1년 알기 몇 시 몇 분 전 알기 반 시간 알기 묶어 세기 몇 배 알아보기 더하기를 곱하기로 나타내기 덧셈식과 곱셈식으로 나타내기
F - ❹ 교재	**F - ❺ 교재**	**F - ❻ 교재**
2~9의 단 곱셈구구 익히기 1의 단 곱셈구구와 0의 곱 곱셈표에서 규칙 찾기 받아올림이 없는 세 자리 수의 덧셈 받아내림이 없는 세 자리 수의 뺄셈 여러 가지 방법으로 계산하기 미터(m)와 센티미터(cm) 길이 재기 길이 어림하기 길이의 합과 차	받아올림이 있는 세 자리 수의 덧셈 받아내림이 있는 세 자리 수의 뺄셈 여러 가지 방법으로 덧셈·뺄셈하기 세 수의 혼합 계산 똑같이 나누기 전체와 부분의 크기 분수의 쓰기와 읽기 분수만큼 색칠하고 분수로 나타내기 표와 그래프로 나타내기 조사하여 표와 그래프로 나타내기	□가 있는 곱셈식을 만들어 문제 해결하기 규칙을 찾아 문제 해결하기 거꾸로 생각하여 문제 해결하기

단계 교재

G - ❶ 교재	G - ❷ 교재	G - ❸ 교재
1000의 개념 알기 몇천, 네 자리 수 알기 수의 자릿값 알기 뛰어 세기, 두 수의 크기 비교 세 자리 수의 덧셈 덧셈의 여러 가지 방법 세 자리 수의 뺄셈 뺄셈의 여러 가지 방법 각과 직각의 이해 직각삼각형, 직사각형, 정사각형의 이해	똑같이 묶어 덜어 내기와 똑같게 나누기 나눗셈의 몫 곱셈과 나눗셈의 관계 나눗셈의 몫을 구하는 방법 나눗셈의 세로 형식 곱셈을 활용하여 나눗셈의 몫 구하기 평면도형 밀기, 뒤집기, 돌리기 평면도형 뒤집고 돌리기 (몇십)×(몇)의 계산 (두 자리 수)×(한 자리 수)의 계산	분수만큼 알기와 분수로 나타내기 몇 개인지 알기 분수의 크기 비교 mm 단위를 알기와 mm 단위까지 길이 재기 km 단위를 알기 km, m, cm, mm의 단위가 있는 길이의 합과 차 구하기 시각과 시간의 개념 알기 1초의 개념 알기 시간의 합과 차 구하기
G - ❹ 교재	**G - ❺ 교재**	**G - ❻ 교재**
(네 자리 수)+(세 자리 수) (네 자리 수)+(네 자리 수) (네 자리 수)−(세 자리 수) (네 자리 수)−(네 자리 수) 세 수의 덧셈과 뺄셈 (세 자리 수)×(한 자리 수) (몇십)×(몇십) / (두 자리 수)×(몇십) (두 자리 수)×(두 자리 수) 원의 중심과 반지름 / 그리기 / 지름 / 성질	(몇십)÷(몇) 내림이 없는 (몇십 몇)÷(몇) 나눗셈의 몫과 나머지 나눗셈식의 검산 / (몇십 몇)÷(몇) 들이 / 들이의 단위 들이의 어림하기와 합과 차 무게 / 무게의 단위 무게의 어림하기와 합과 차 0.1 / 소수 알아보기 소수의 크기 비교하기	막대그래프 막대그래프 그리기 그림그래프 그림그래프 그리기 알맞은 그래프로 나타내기 규칙을 정해 무늬 꾸미기 규칙을 찾아 문제 해결 표를 만들어서 문제 해결 예상과 확인으로 문제 해결

단계 교재

H - ❶ 교재	H - ❷ 교재	H - ❸ 교재
만 / 다섯 자리 수 / 십만, 백만, 천만 억 / 조 / 큰 수 뛰어서 세기 두 수의 크기 비교 100, 1000, 10000, 몇백, 몇천의 곱 (세,네 자리 수)×(두 자리 수) 세 수의 곱셈 / 몇십으로 나누기 (두,세 자리 수)÷(두 자리 수) 각의 크기 / 각 그리기 / 각도의 합과 차 삼각형의 세 각의 크기의 합 사각형의 네 각의 크기의 합	이등변삼각형 / 이등변삼각형의 성질 정삼각형 / 예각과 둔각 예각삼각형 / 둔각삼각형 덧셈, 뺄셈 또는 곱셈, 나눗셈이 섞여 있는 혼합 계산 덧셈, 뺄셈, 곱셈, 나눗셈이 섞여 있는 혼합 계산 ( ), { }가 있는 혼합 계산 분수와 진분수 / 가분수와 대분수 대분수를 가분수로, 가분수를 대분수로 나타내기 분모가 같은 분수의 크기 비교	소수 소수 두 자리 수 소수 세 자리 수 소수 사이의 관계 소수의 크기 비교 규칙을 찾아 수로 나타내기 규칙을 찾아 글로 나타내기 새로운 무늬 만들기
H - ❹ 교재	**H - ❺ 교재**	**H - ❻ 교재**
분모가 같은 진분수의 덧셈 분모가 같은 대분수의 덧셈 분모가 같은 진분수의 뺄셈 분모가 같은 대분수의 뺄셈 분모가 같은 대분수와 진분수의 덧셈과 뺄셈 소수의 덧셈 / 소수의 뺄셈 수직과 수선 / 수선 긋기 평행선 / 평행선 긋기 평행선 사이의 거리	사다리꼴 / 평행사변형 / 마름모 직사각형과 정사각형의 성질 다각형과 정다각형 / 대각선 여러 가지 모양 만들기 여러 가지 모양으로 덮기 직사각형과 정사각형의 둘레 $1cm^2$ / 직사각형과 정사각형의 넓이 여러 가지 도형의 넓이 이상과 이하 / 초과와 미만 / 수의 범위 올림과 버림 / 반올림 / 어림의 활용	꺾은선그래프 꺾은선그래프 그리기 물결선을 사용한 꺾은선그래프 물결선을 사용한 꺾은선그래프 그리기 알맞은 그래프로 나타내기 꺾은선그래프의 활용 두 수 사이의 관계 두 수 사이의 관계를 식으로 나타내기 문제를 해결하고 풀이 과정을 설명하기

교재별 학습 내용

I 단계 교재

I – ❶ 교재	I – ❷ 교재	I – ❸ 교재
약수 / 배수 / 배수와 약수의 관계	세 분수의 덧셈과 뺄셈	평행사변형의 넓이
공약수와 최대공약수	(진분수)×(자연수) / (대분수)×(자연수)	삼각형의 넓이
공배수와 최소공배수	(자연수)×(진분수) / (자연수)×(대분수)	사다리꼴의 넓이
크기가 같은 분수 알기	(단위분수)×(단위분수)	마름모의 넓이
크기가 같은 분수 만들기	(진분수)×(진분수) / (대분수)×(대분수)	넓이의 단위 m², a
분수의 약분 / 분수의 통분	세 분수의 곱셈 / 합동인 도형의 성질	넓이의 단위 ha, km²
분수의 크기 비교 / 진분수의 덧셈	합동인 삼각형 그리기	넓이의 단위 관계
대분수의 덧셈 / 진분수의 뺄셈	면, 모서리, 꼭짓점	무게의 단위
대분수의 뺄셈 / 세 분수의 덧셈과 뺄셈	직육면체와 정육면체	
	직육면체의 성질 / 겨냥도 / 전개도	

I – ❹ 교재	I – ❺ 교재	I – ❻ 교재
분수와 소수의 관계	(소수)×(자연수) / (자연수)×(소수)	두 수의 크기 비교
분수를 소수로, 소수를 분수로 나타내기	곱의 소수점의 위치	비율
분수와 소수의 크기 비교	(소수)×(소수)	백분율
1÷(자연수)를 곱셈으로 나타내기	소수의 곱셈	할푼리
(자연수)÷(자연수)를 곱셈으로 나타내기	(소수)÷(자연수)	실제로 해 보기와 표 만들기
(진분수)÷(자연수) / (가분수)÷(자연수)	(자연수)÷(자연수)	그림 그리기와 식 만들기
(대분수)÷(자연수)	줄기와 잎 그림	예상하고 확인하기와 표 만들기
분수와 자연수의 혼합 계산	그림그래프	실제로 해 보기와 규칙 찾기
선대칭도형/선대칭의 위치에 있는 도형	평균	
점대칭도형/점대칭의 위치에 있는 도형	자료를 그래프로 나타내고 설명하기	

J 단계 교재

J – ❶ 교재	J – ❷ 교재	J – ❸ 교재
(자연수)÷(단위분수)	쌓기나무의 개수	비례식
분모가 같은 진분수끼리의 나눗셈	쌓기나무의 각 자리, 각 층별로 나누어	비의 성질
분모가 다른 진분수끼리의 나눗셈	개수 구하기	가장 작은 자연수의 비로 나타내기
(자연수)÷(진분수) / 대분수의 나눗셈	규칙 찾기	비례식의 성질
분수의 나눗셈 활용하기	쌓기나무로 만든 것, 여러 가지 입체도형,	비례식의 활용
소수의 나눗셈 / (자연수)÷(소수)	여러 가지 생활 속 건축물의 위, 앞, 옆	연비
소수의 나눗셈에서 나머지	에서 본 모양	두 비의 관계를 연비로 나타내기
반올림한 몫	원주와 원주율 / 원의 넓이	연비의 성질
입체도형과 각기둥 / 각뿔	띠그래프 알기 / 띠그래프 그리기	비례배분
각기둥의 전개도 / 각뿔의 전개도	원그래프 알기 / 원그래프 그리기	연비로 비례배분

J – ❹ 교재	J – ❺ 교재	J – ❻ 교재
(소수)÷(분수) / (분수)÷(소수)	원기둥의 겉넓이	두 수 사이의 대응 관계 / 정비례
분수와 소수의 혼합 계산	원기둥의 부피	정비례를 활용하여 생활 문제 해결하기
원기둥 / 원기둥의 전개도	경우의 수	반비례
원뿔	순서가 있는 경우의 수	반비례를 활용하여 생활 문제 해결하기
회전체 / 회전체의 단면	여러 가지 경우의 수	그림을 그리거나 식을 세워 문제 해결하기
직육면체와 정육면체의 겉넓이	확률	거꾸로 생각하거나 식을 세워 문제 해결하기
부피의 비교 / 부피의 단위	미지수를 x로 나타내기	표를 작성하거나 예상과 확인을 통하여
직육면체와 정육면체의 부피	등식 알기 / 방정식 알기	문제 해결하기
부피의 큰 단위	등식의 성질을 이용하여 방정식 풀기	여러 가지 방법으로 문제 해결하기
부피와 들이 사이의 관계	방정식의 활용	새로운 문제를 만들어 풀어 보기

사고력도 탄탄! 창의력도 탄탄!
기탄사고력수학

E2

E61a ~ E75b

학습 관리표

학습 내용		이번 주는?
더하기와 빼기 ①	· 두 수로 가르기 · 두 수를 모으기 · 가르기와 모으기 · 창의력 학습 · 경시 대회 예상 문제	• 학습 방법 : ① 매일매일 ② 가끔 ③ 한꺼번에 하였습니다. • 학습 태도 : ① 스스로 잘 ② 시켜서 억지로 하였습니다. • 학습 흥미 : ① 재미있게 ② 싫증내며 하였습니다. • 교재 내용 : ① 적합하다고 ② 어렵다고 ③ 쉽다고 하였습니다.
지도 교사가 부모님께		**부모님이 지도 교사께**
평가	ⓐ 아주 잘함 ⓑ 잘함	ⓒ 보통 ⓓ 부족함

원(교)   반   이름   전화

기탄교육
www.gitan.co.kr / (02)586-1007(대)

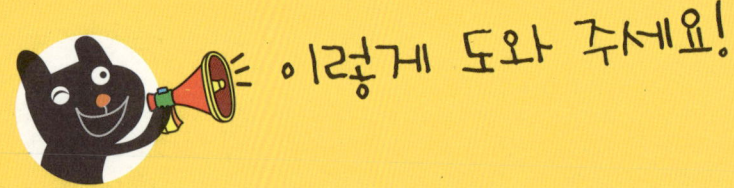

이렇게 도와 주세요!

● **학습 목표**
 – 9개 이하의 구체물과 반구체물의 개수를 둘로 가를 수 있다.
 – 9 이하의 수를 두 수로 가를 수 있다.
 – 개수의 합이 9개 이하가 되게 두 (반)구체물을 모을 수 있다.
 – 합이 9 이하가 되는 두 수를 모을 수 있다.

● **지도 내용**
 – (반)구체물을 이용하여 둘로 가르고 숫자 카드로 나타내 보게 한다.
 – 수 2, 3, 4, 5, 6, 7, 8, 9를 두 수로 가르고 숫자 카드로 나타내 보게 한다.
 – (반)구체물을 이용하여 하나로 모으고 숫자 카드로 나타내 보게 한다.
 – 합이 2, 3, 4, 5, 6, 7, 8, 9가 되게 두 수를 모으고 수로 나타내 보게 한다.
 – 연필이나 사탕을 이용하여 수 가르기와 수 모으기를 활용해 보게 한다.

● **지도 요점**
구체물이나 반구체물을 사용하여 두 부분을 모으기, 두 부분으로 가르기 활동은 중요한 의미를 가지고 있습니다. 모으기, 가르기 활동을 통하여 10 미만의 자연수에 대한 합성과 분해를 이해하게 하고, 이를 바탕으로 덧셈과 뺄셈의 개념을 인지하게 됩니다. 또, 수의 가르기와 모으기는 수의 상하 관계를 살펴볼 수 있게 합니다. 5는 4보다 1 큰 수이고, 6보다는 1 작은 수로, 나아가서 3보다는 2 큰 수 또는 1보다 4 큰 수와 같은 관계를 감각적으로 터득할 수 있도록 많은 구체물과 반구체물을 이용하여 지도해야 합니다.
그리고 수가 커질수록 가르는 방법과 모으는 방법이 여러 가지가 있으므로 아이들에게 충분히 생각할 시간을 주어야 합니다.

★ 이름 :

★ 날짜 :

★ 시간 :   시   분 ~   시   분

확인

🐸 다음 그림을 보고 ☐ 안에 알맞은 수를 써넣으시오.(1~4)

1
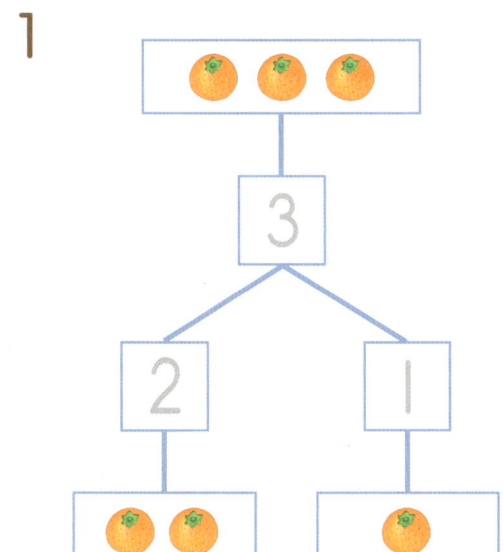

2
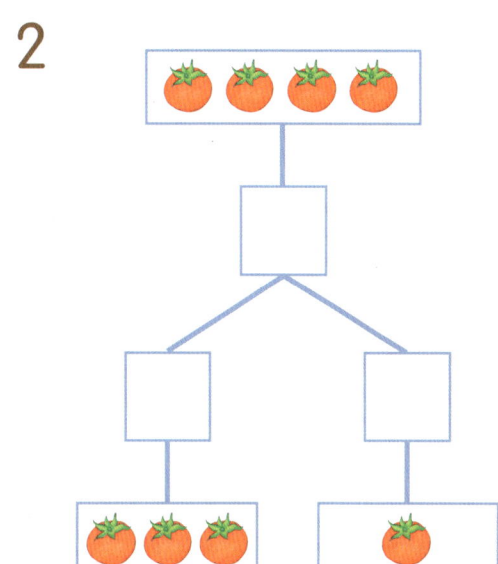

3
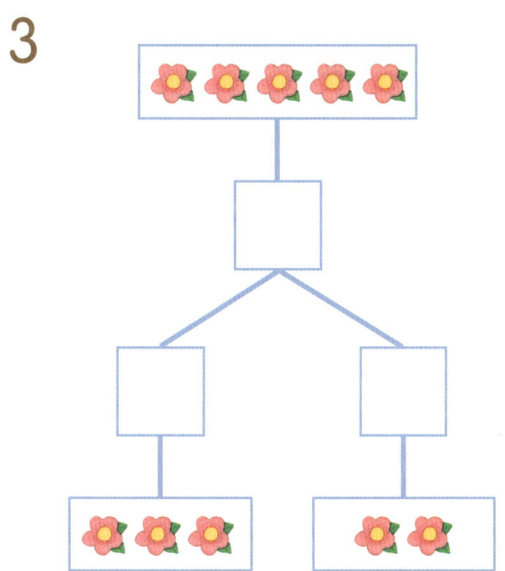

4
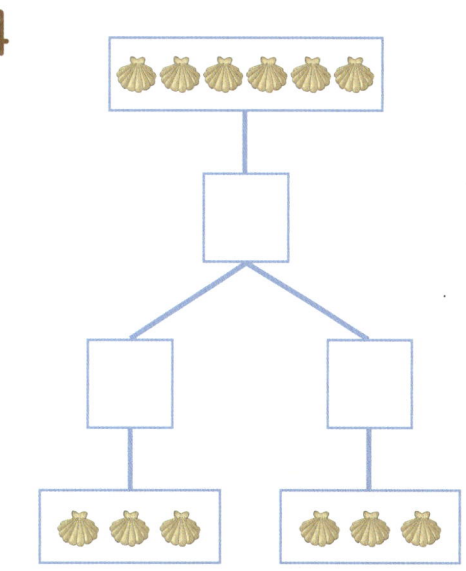

사고력 학습

👻 다음 그림을 보고 ☐ 안에 알맞은 수를 써넣으시오.(5~10)

5
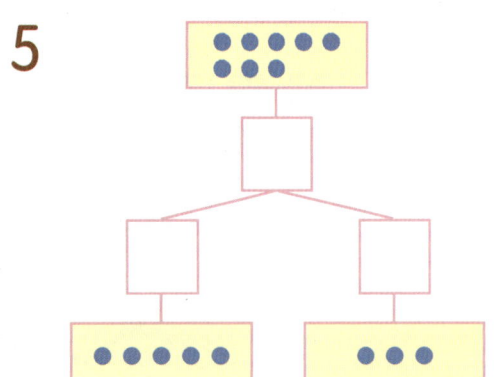

6
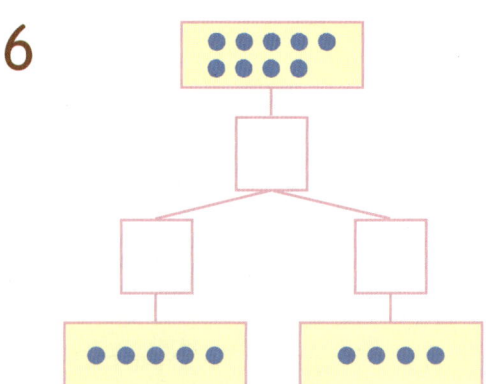

7
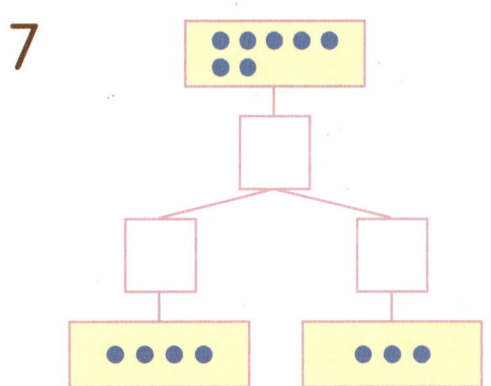

8
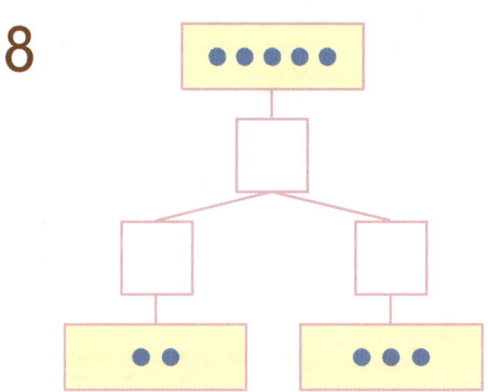

9
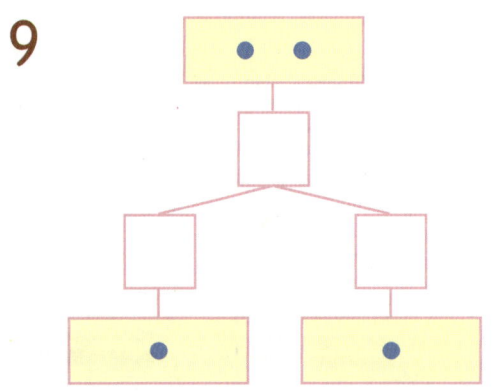

10
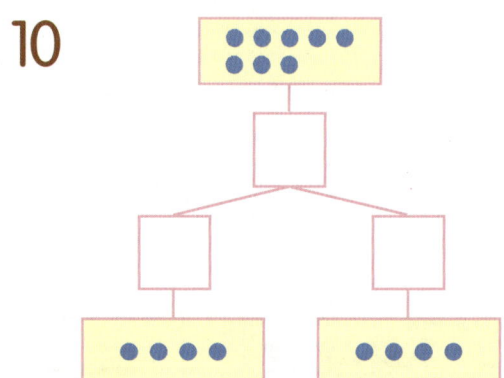

확인

★ 이름 :

★ 날짜 :

★ 시간 :　　　시　　분 ~　　시　　분

🐸 다음 [보기]와 같이 빈 곳에 알맞은 수를 써넣으시오.(1~6)

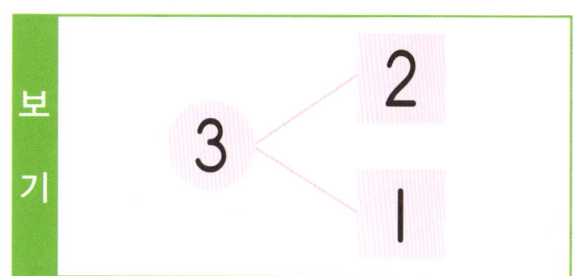

보기

1

9 — 4, □

2

5 — 2, □

3

4 — 1, □

4

6 — □, 2

5

8 — □, 2

6

7 — 3, □

다음 ☐ 안에 알맞은 수를 써넣으시오.(7~12)

7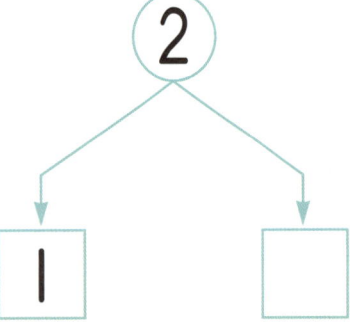

8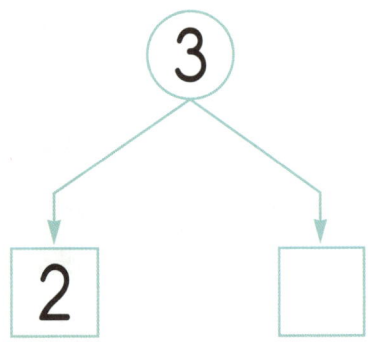

9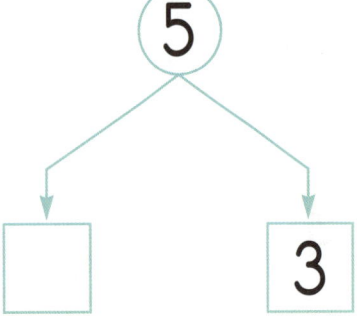

10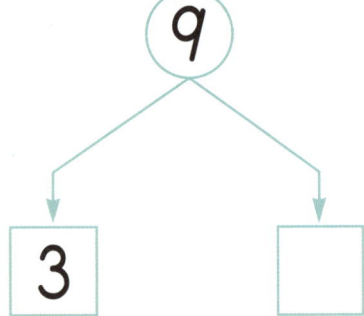

11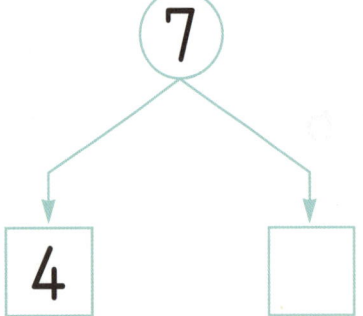

12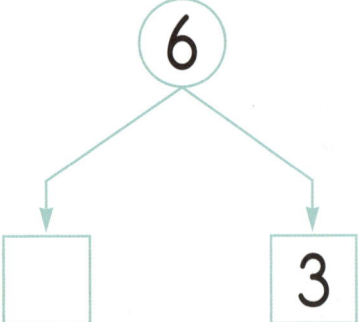

★ 이름 :

★ 날짜 :

★ 시간 :　　시　　분 ~　　시　　분

확인

🐸 다음 빈 곳에 ○를 알맞게 그려 넣으시오.(1~4)

1

2

3

4

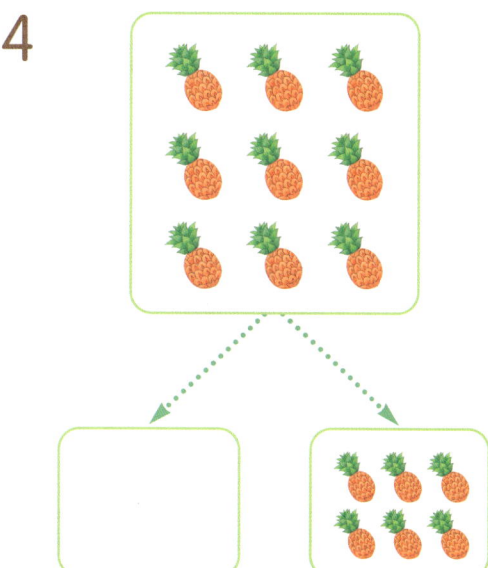

사고력 학습

👻 다음 빈 곳에 ○를 알맞게 그려 넣으시오.(5~10)

5
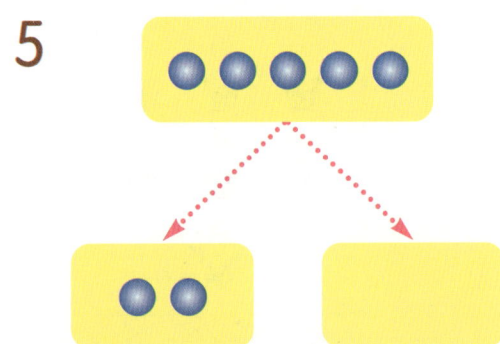

6
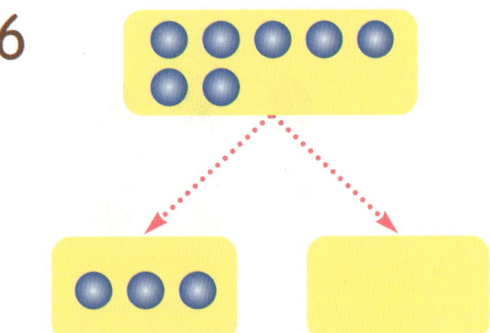

7
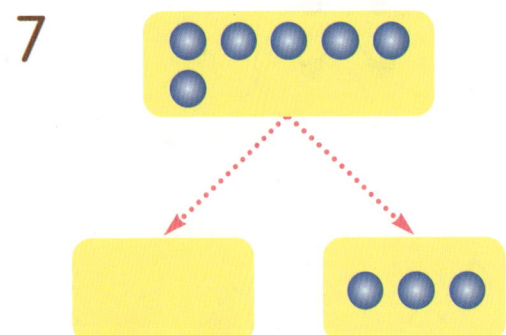

8
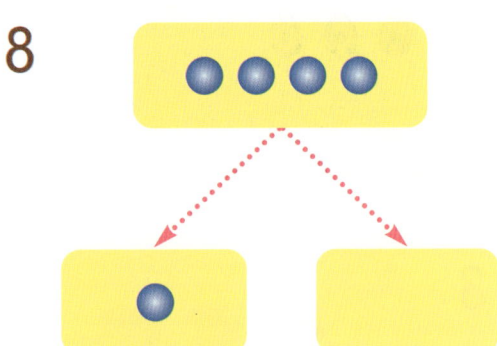

9
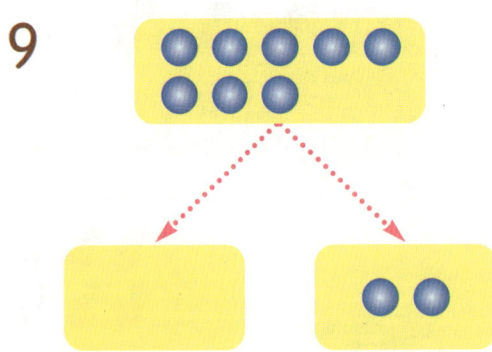

10
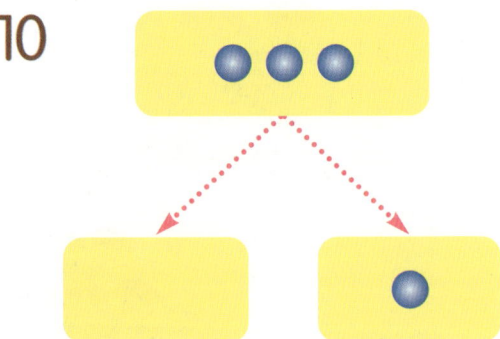

사고력 학습

★ 이름 :

★ 날짜 :

★ 시간 :　　시　　분～　　시　　분

🐸 다음 □ 안에 알맞은 수를 써넣으시오.(1~12)

1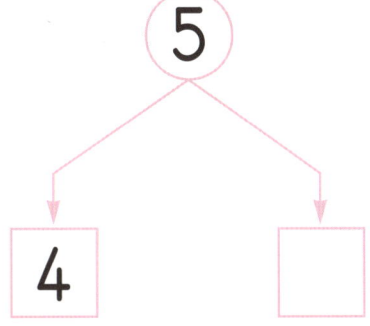

2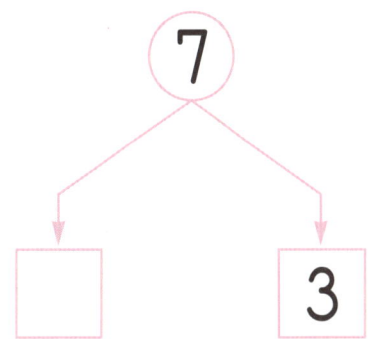

3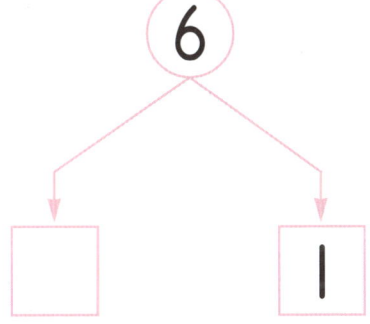

4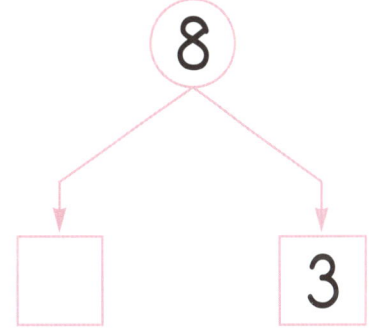

5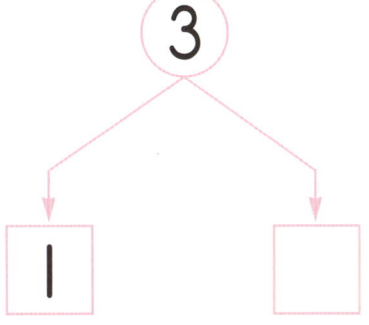

6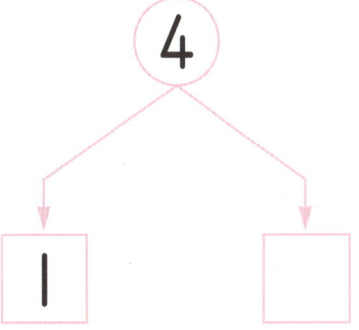

사고력 학습

E-64b

7   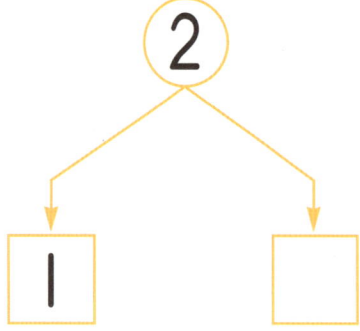

8   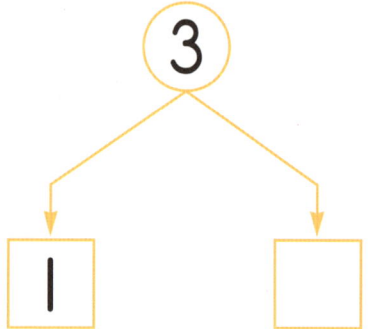

9   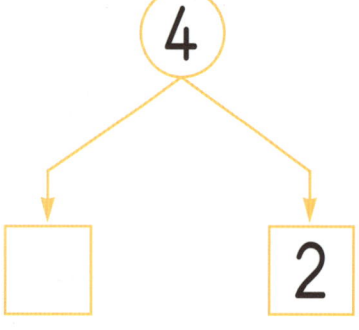

10   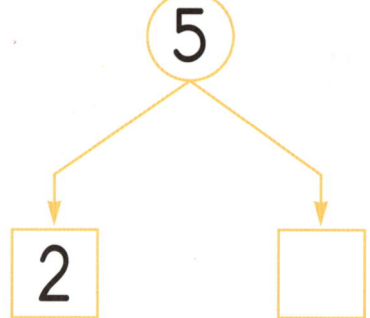

11   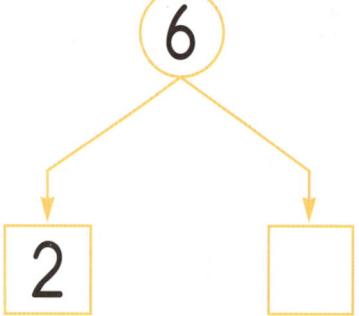

12   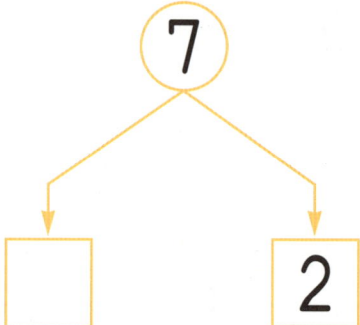

★ 이름 :

★ 날짜 :

★ 시간 :　시　분 ~ 　시　분

확인

🐸 다음 빈 곳에 ○를 알맞게 그려 넣으시오.(1~12)

1
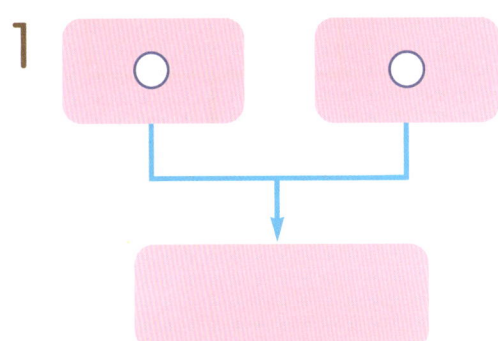

2
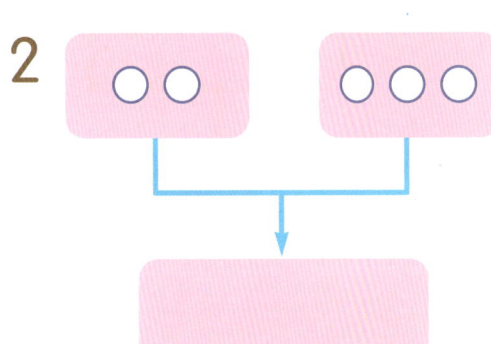

3

4

5
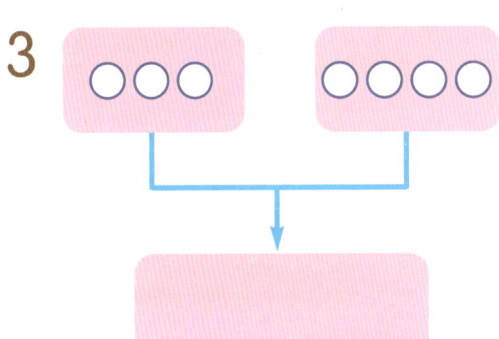

6
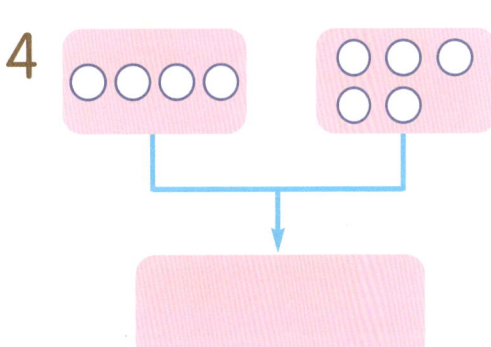

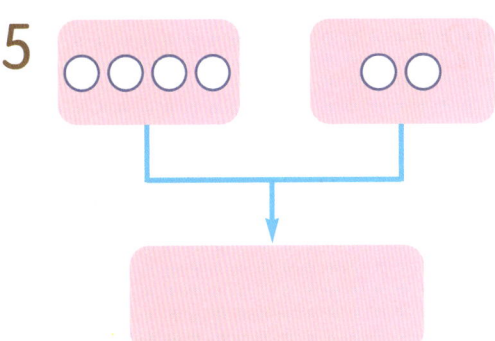

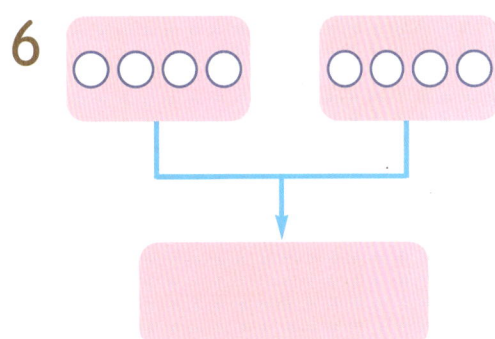

사고력 학습

7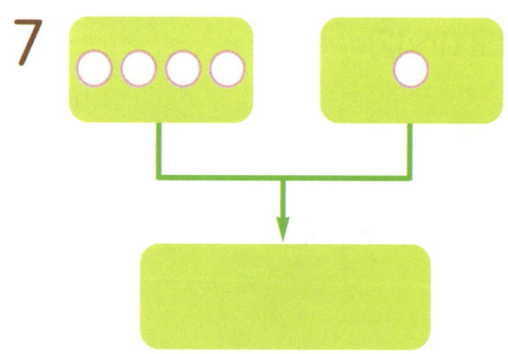

8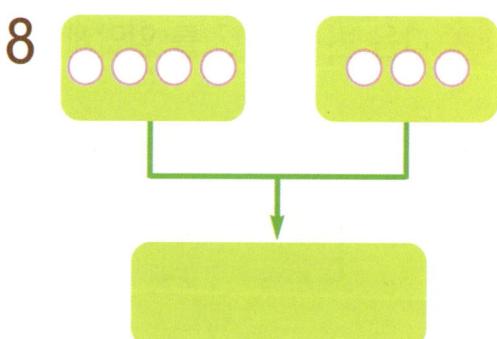

9

10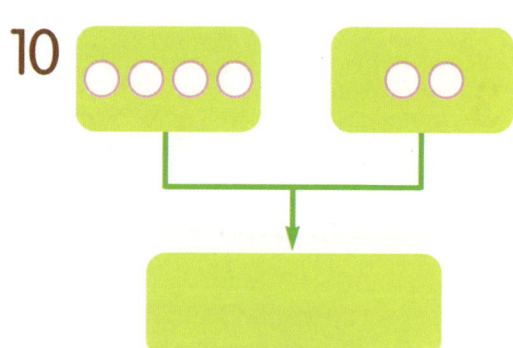

11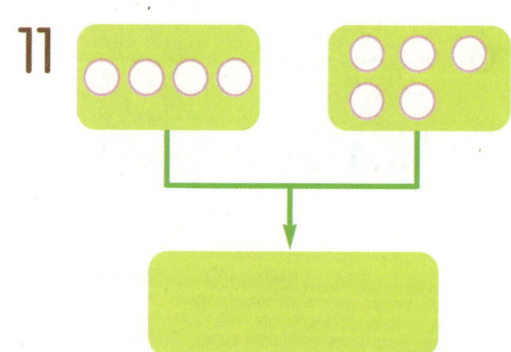

12

★ 이름 :

★ 날짜 :

★ 시간 :　　시　분 ~ 　시　분

🐸 다음 그림을 보고 ☐ 안에 알맞은 수를 써넣으시오.(1~8)

1
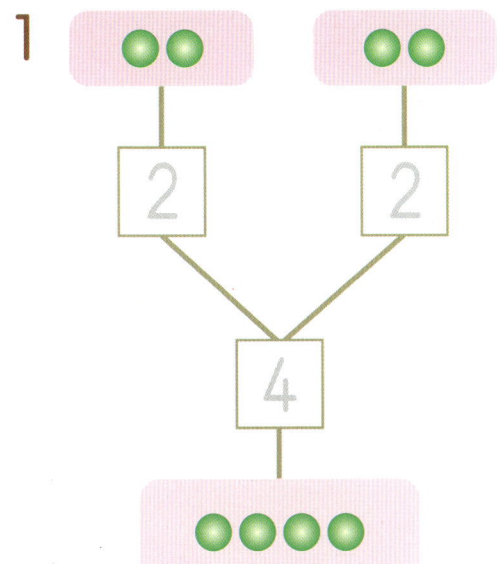

2
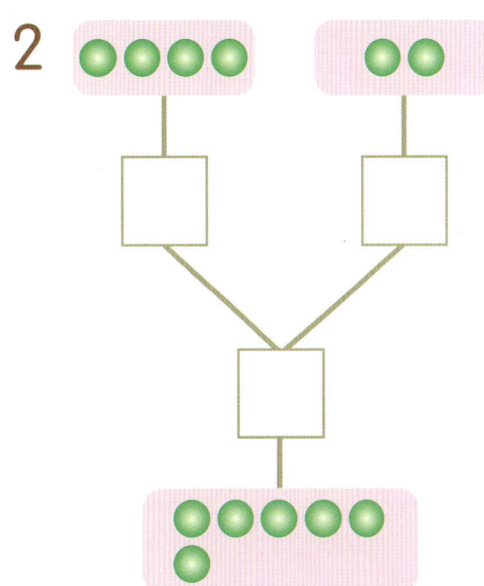

3
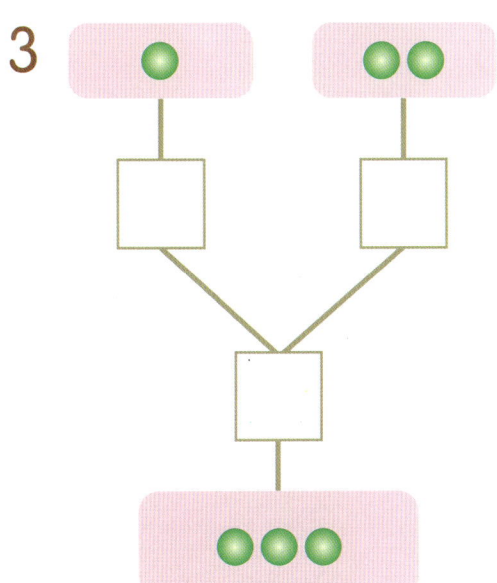

4
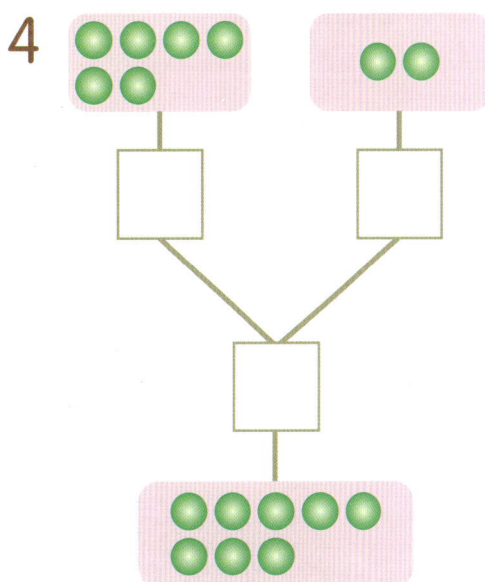

5

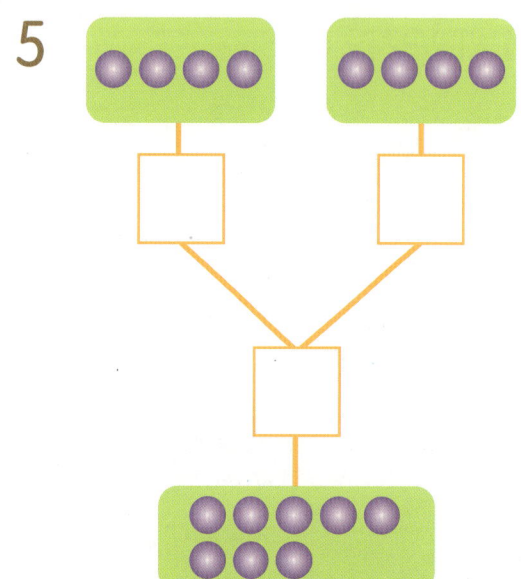

6

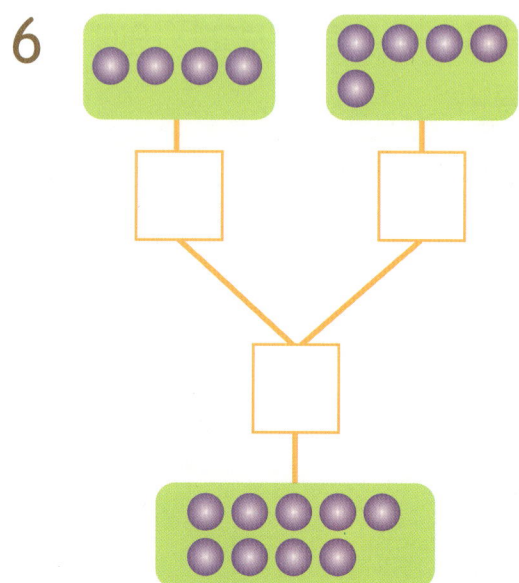

7

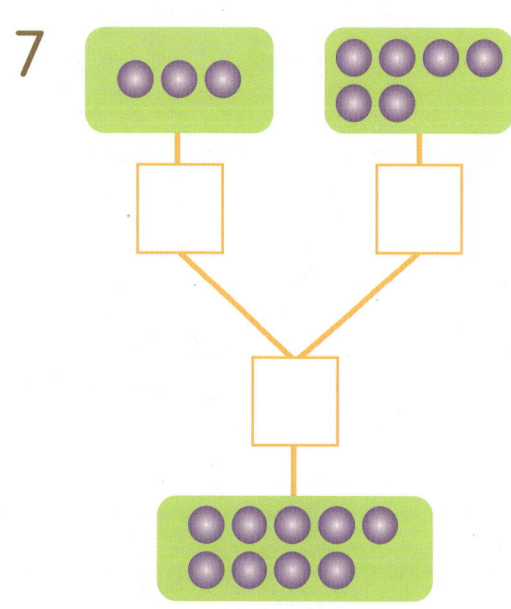

8

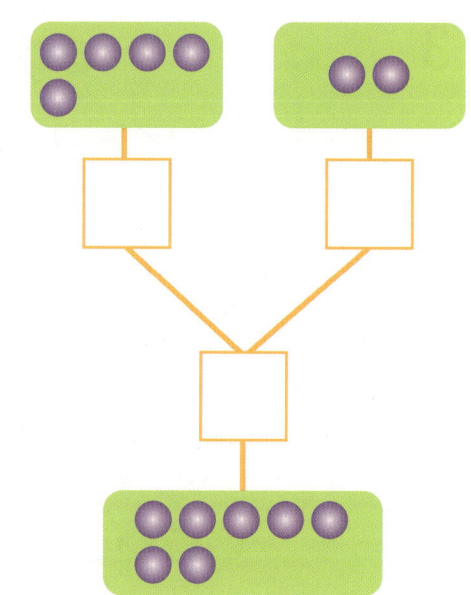

★ 이름 :

★ 날짜 :

★ 시간 : 　시　분 ~ 　시　분

확인

🐸 다음 [보기]와 같이 ☐ 안에 알맞은 수를 써넣으시오.(1~10)

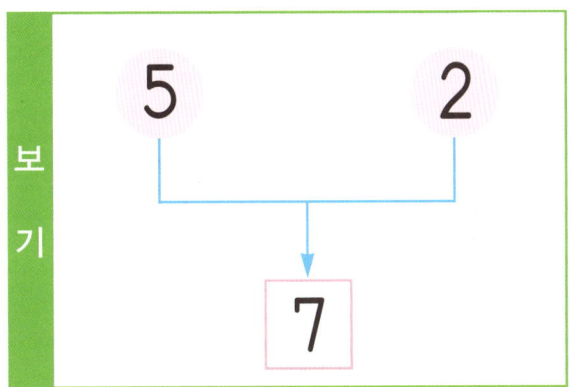

보기

1
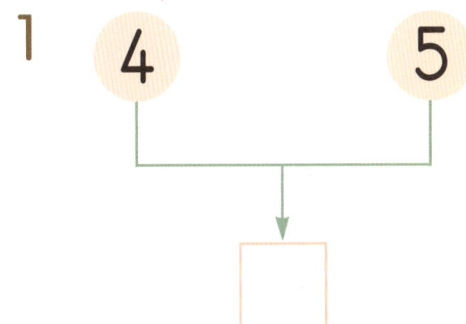

2
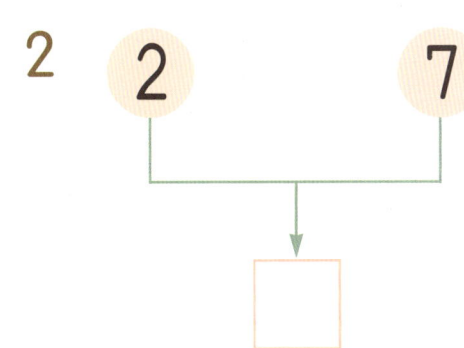

3
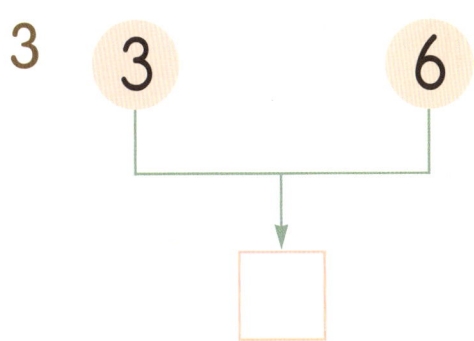

4
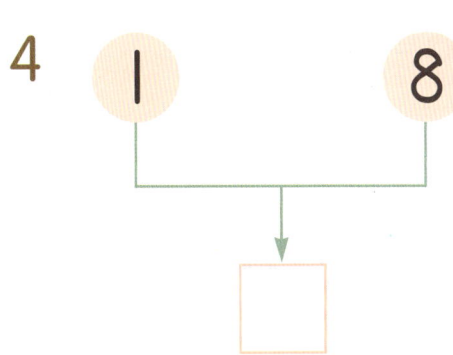

5
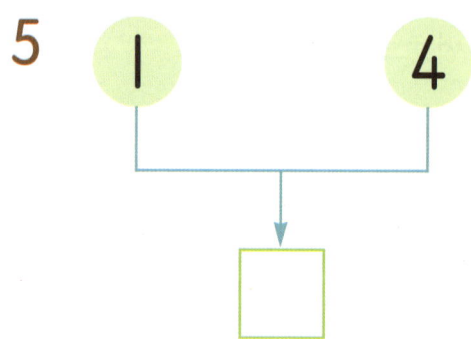

6
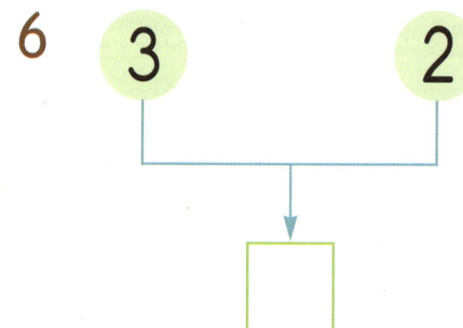

7
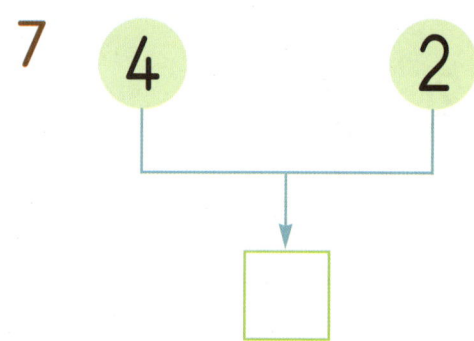

8
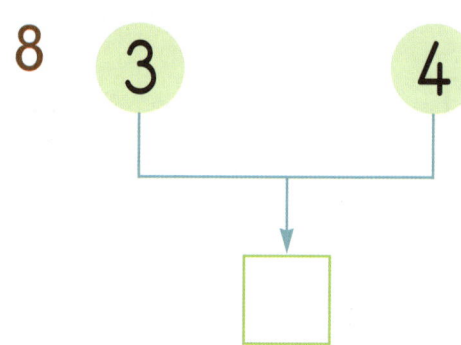

9
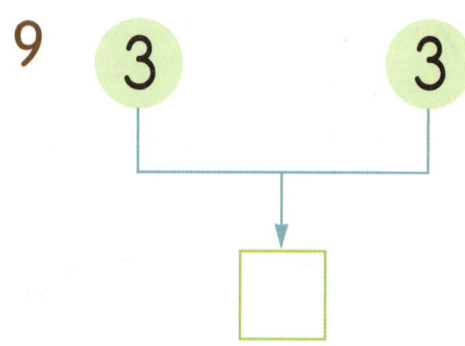

10
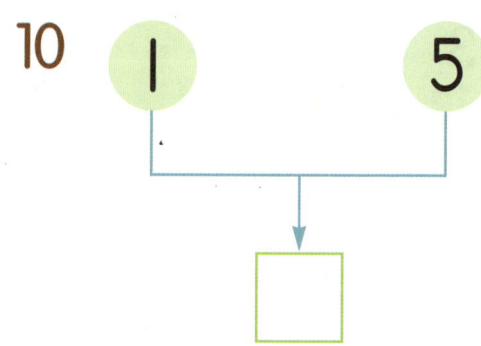

사고력 학습

★ 이름 :

★ 날짜 :

★ 시간 :　시　분 ~　시　분

확인

🐸 다음 빈 곳에 ○를 알맞게 그려 넣으시오.(1~12)

1
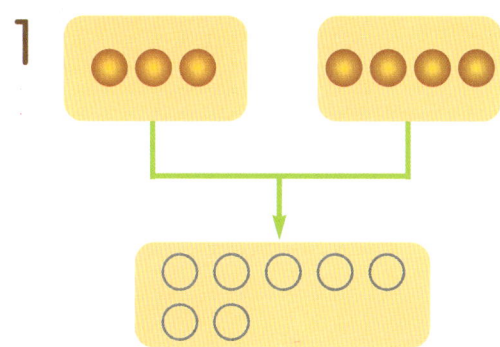

2
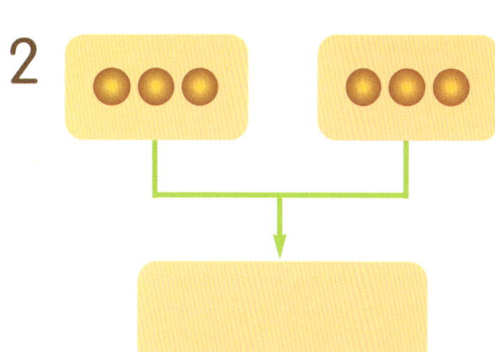

3
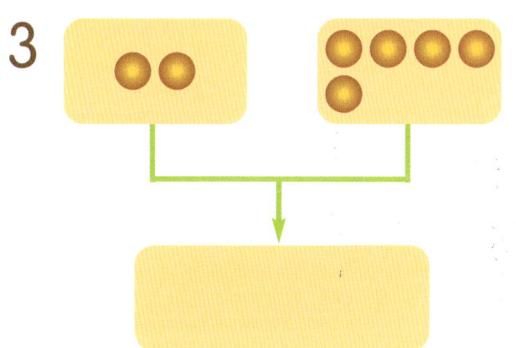

4
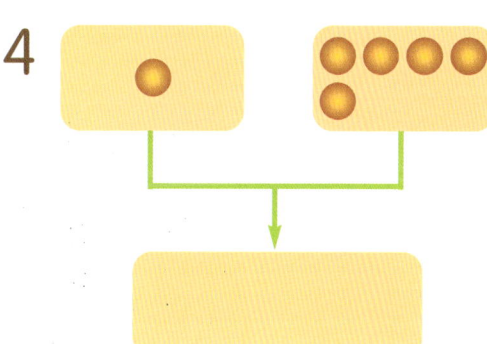

5
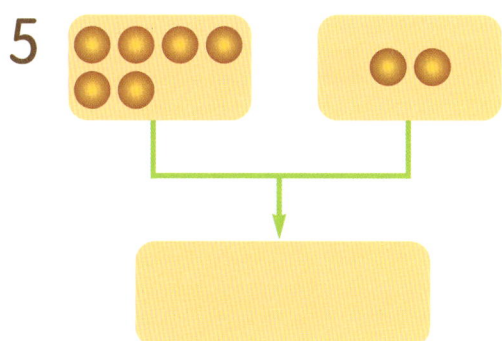

6
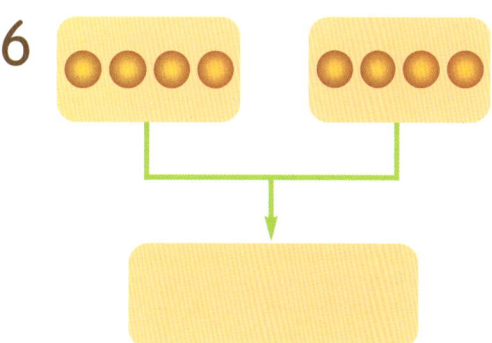

사고력 학습

7
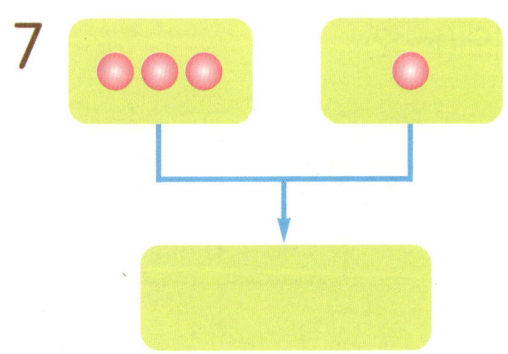

8
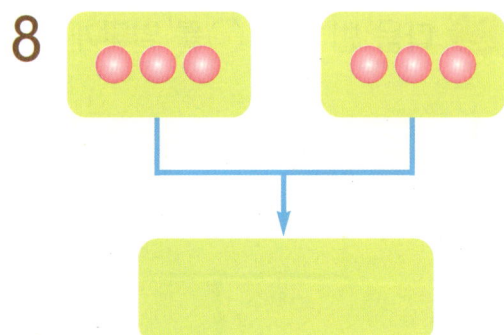

9
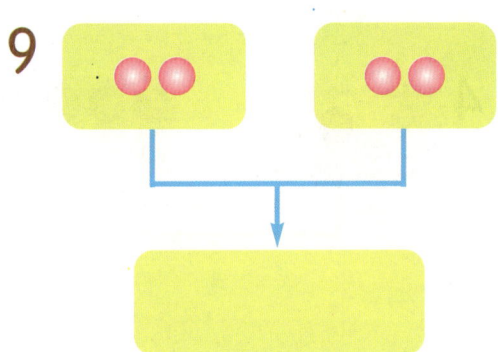

10
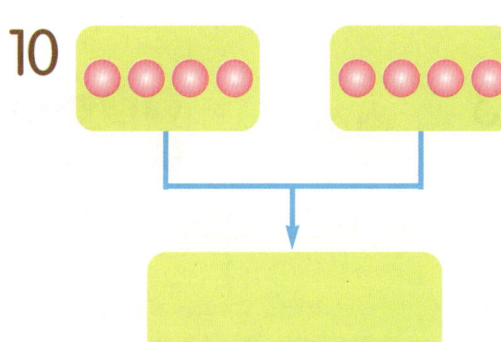

11
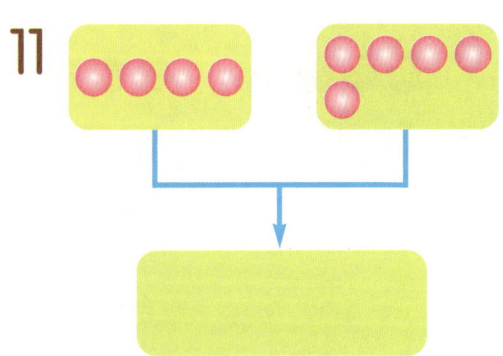

12
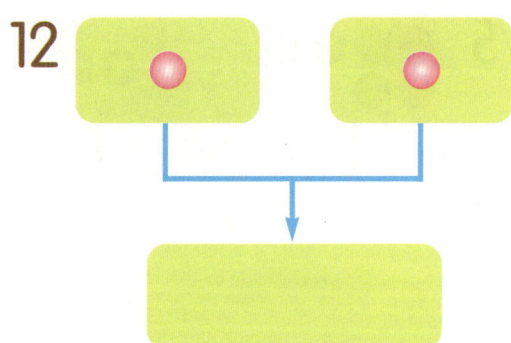

★ 이름 :

★ 날짜 :

★ 시간 :　　시　분 ~ 　시　분

확인

🐸 다음 ☐ 안에 알맞은 수를 써넣으시오.(1~12)

1　　① 　　① 　　→ ☐

2　　② 　　③ 　　→ ☐

3　　④ 　　③ 　　→ ☐

4　　④ 　　② 　　→ ☐

5　　⑤ 　　④ 　　→ ☐

6　　⑦ 　　① 　　→ ☐

7
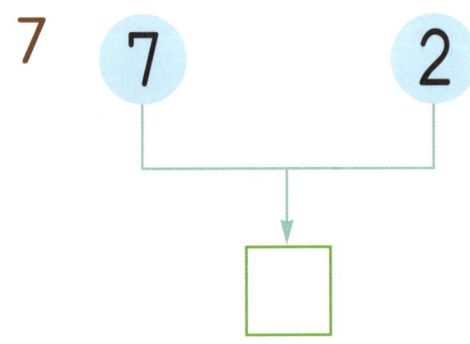

8
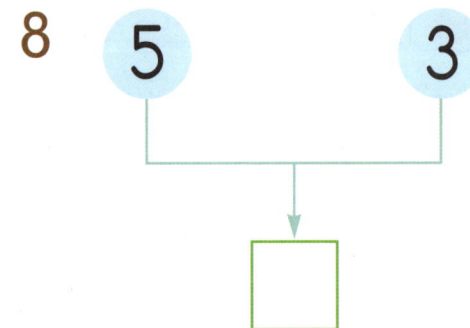

9
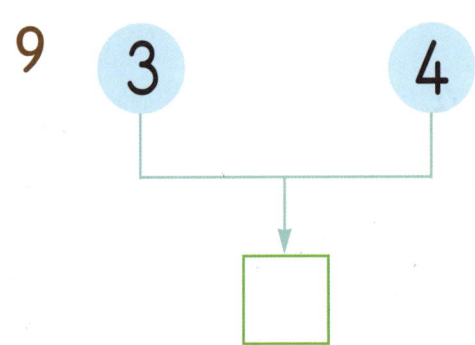

10
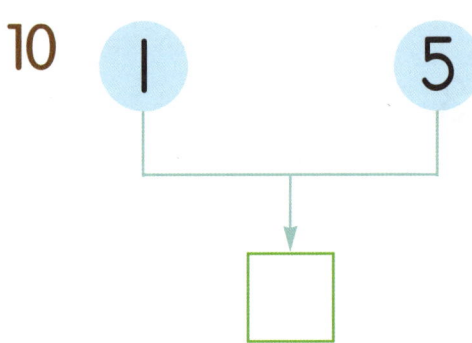

11
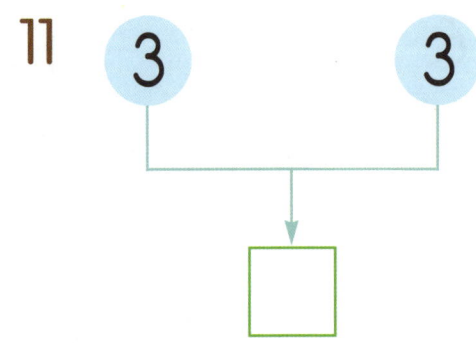

12
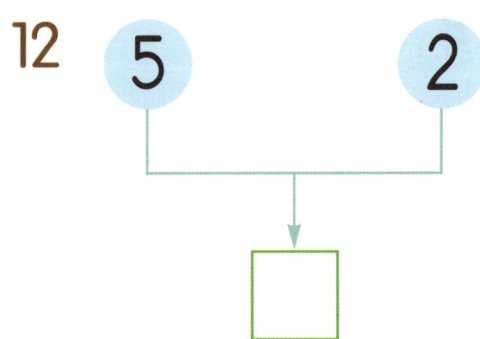

사고력 학습

E-70a

★ 이름 :

★ 날짜 :

★ 시간 :　시　분 ~ 시　분

확인

🐸 다음 빈 곳에 알맞은 수를 써넣으시오.(1~6)

1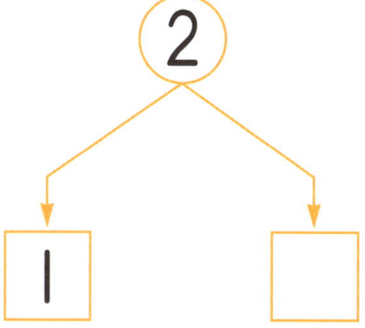

2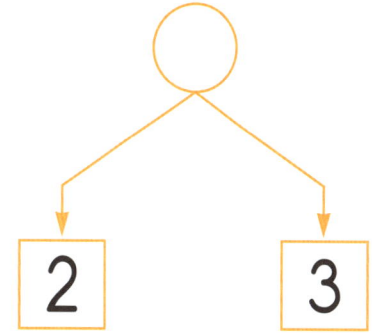

3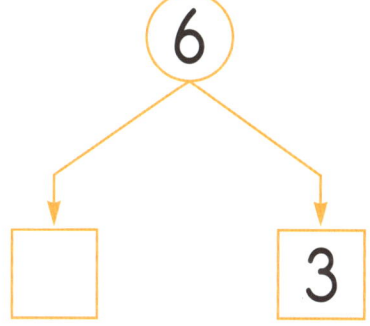

4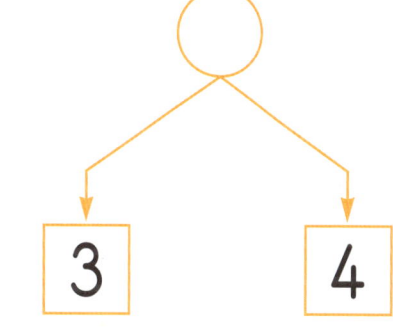

5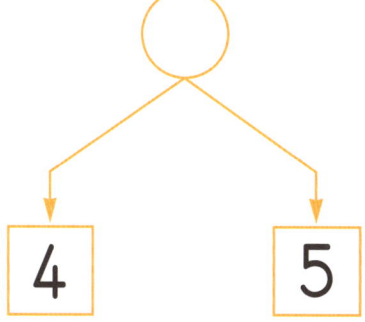

6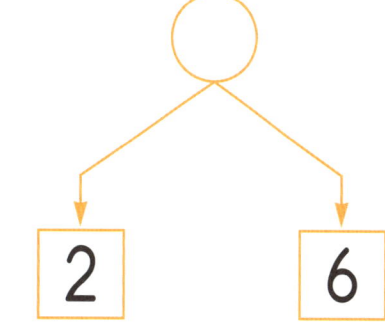

사고력 학습

다음 빈 곳에 알맞은 수를 써넣으시오.(7~12)

7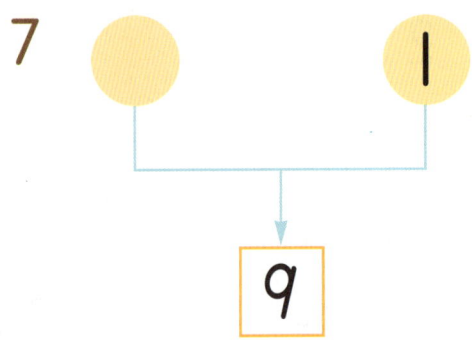

8

9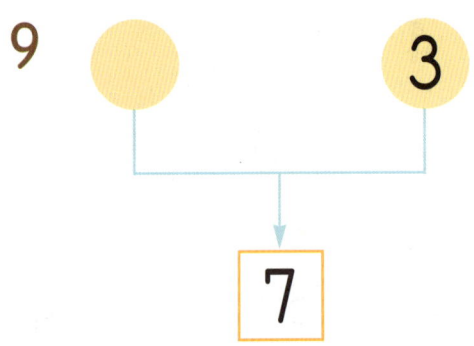

10

11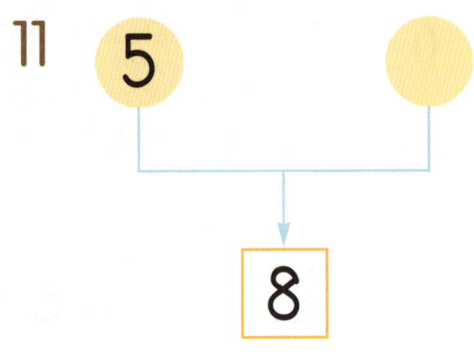

12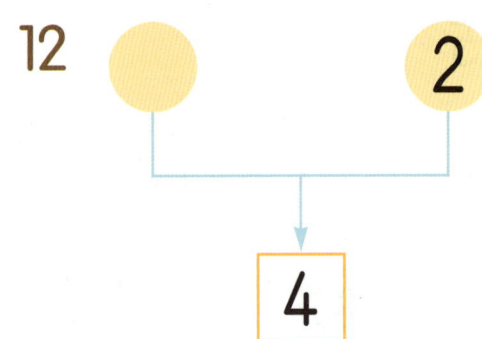

E-71a

🌸 이름 :

🌸 날짜 :

🌸 시간 :　시　분 ~ 　시　분

확인

🐸 연필이 5자루 있습니다. 이 연필을 누나와 동생이 나누어 가지려고 합니다.
다음 물음에 답하시오.(1~3)

1 여러 가지 방법으로 나누어 보시오.

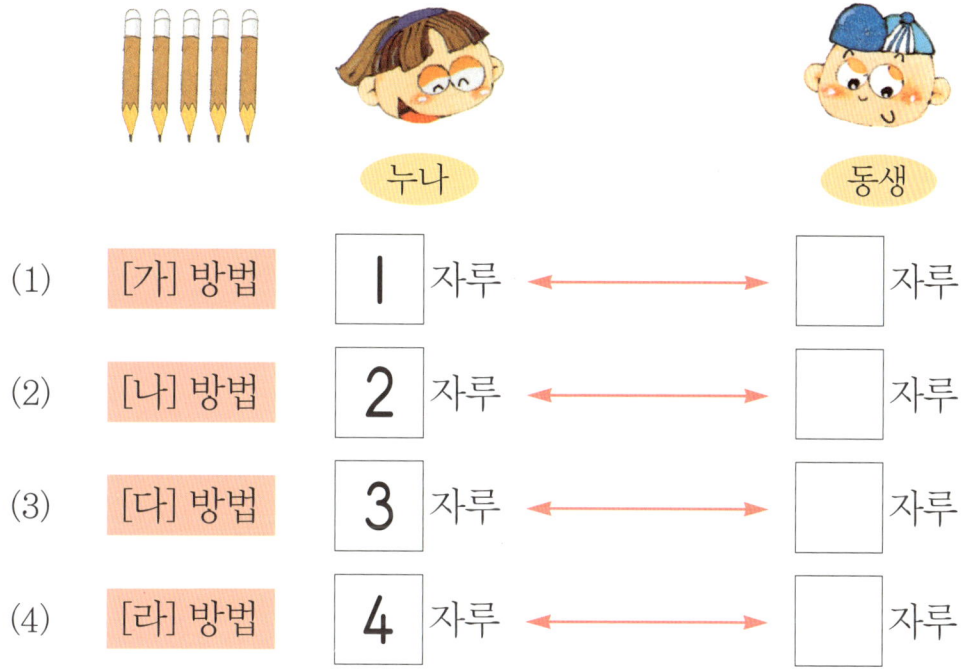

누나   동생

(1) [가] 방법   ☐1 자루 ←――――――→ ☐ 자루

(2) [나] 방법   ☐2 자루 ←――――――→ ☐ 자루

(3) [다] 방법   ☐3 자루 ←――――――→ ☐ 자루

(4) [라] 방법   ☐4 자루 ←――――――→ ☐ 자루

2 동생이 1자루 더 많이 가지려면 누나는 몇 자루를 가져야 합니까?

[답]

3 누나가 3자루 더 많이 가지려면 동생은 몇 자루를 가져야 합니까?

[답]

문제 해결력 학습

놀이터에서 **9**명의 어린이가 놀고 있습니다. 다음 물음에 답하시오.(4~8)

4 여자 어린이가 **4**명이면, 남자 어린이는 몇 명입니까?

[답]

5 남자 어린이가 **7**명이면, 여자 어린이는 몇 명입니까?

[답]

6 여자 어린이가 **1**명이면, 남자 어린이는 몇 명입니까?

[답]

7 **3**명의 어린이는 그네를 타고 있고, 나머지 어린이는 흙장난을 하고 있습니다. 흙장난을 하고 있는 어린이는 몇 명입니까?

[답]

8 잠시 후에 **2**명이 집으로 갔습니다. 남은 어린이는 몇 명입니까?

[답]

★ 이름 :

★ 날짜 :

★ 시간 :　시　분~　시　분

확인

🐸 사탕이 6개 있습니다. 이 사탕을 형과 동생이 나누어 가지려고 합니다. 다음 물음에 답하시오.(1~3)

1 여러 가지 방법으로 나누어 보시오.

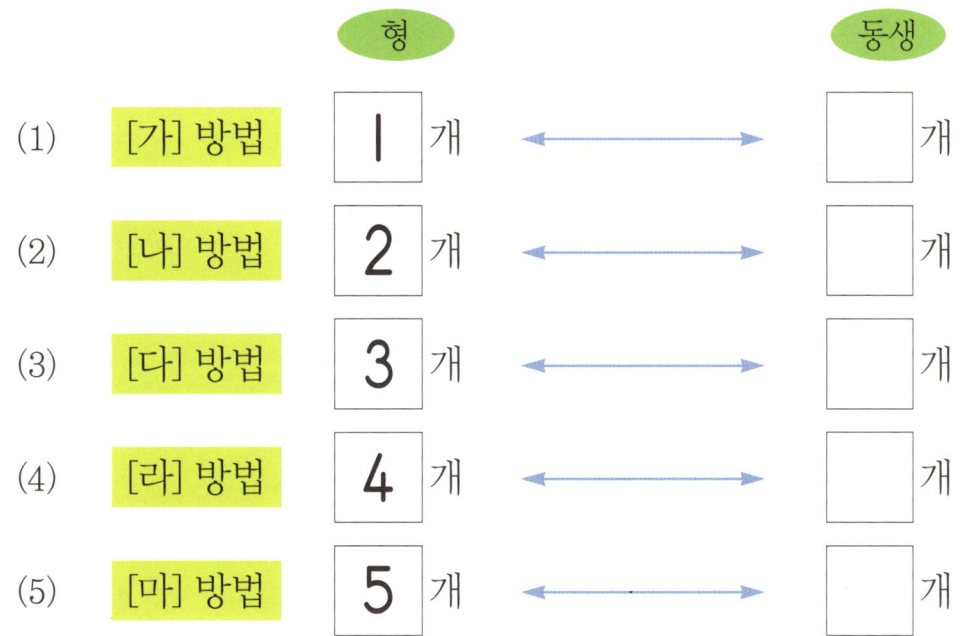

형　　　　　　　　동생

(1) [가] 방법　1 개 ⟷ ☐ 개

(2) [나] 방법　2 개 ⟷ ☐ 개

(3) [다] 방법　3 개 ⟷ ☐ 개

(4) [라] 방법　4 개 ⟷ ☐ 개

(5) [마] 방법　5 개 ⟷ ☐ 개

2 형과 동생이 똑같이 나누어 가지려면 각각 몇 개씩 가져야 합니까?

[답] 형 : ＿＿＿＿＿, 동생 : ＿＿＿＿＿

3 형이 2개 더 많이 가지려면 동생은 몇 개를 가져야 합니까?

[답] ＿＿＿＿＿＿＿

🗨 새롬이는 연필과 색연필을 합하여 8자루를 사려고 합니다. 다음 물음에 답하시오.(4~5)

4 사는 방법은 몇 가지입니까? ☐ 안에 알맞은 수를 써넣으시오.

		연필		색연필
(1)	[가] 방법	1 자루	←→	☐ 자루
(2)	[나] 방법	2 자루	←→	☐ 자루
(3)	[다] 방법	3 자루	←→	☐ 자루
(4)	[라] 방법	4 자루	←→	☐ 자루
(5)	[마] 방법	☐ 자루	←→	☐ 자루
(6)	[바] 방법	☐ 자루	←→	☐ 자루
(7)	[사] 방법	☐ 자루	←→	☐ 자루

5 연필과 색연필을 똑같이 사려면 각각 몇 자루씩 사면 됩니까?

[답] 연필 : _____ , 색연필 : _____

문제 해결력 학습

★ 이름 :

★ 날짜 :

★ 시간 :　　시　　분 ～　　시　　분

확인

 창의력 학습

다음 그림을 위에서 내려다 보면 어떤 모양으로 보일지 상상해 보고 그려 보시오.

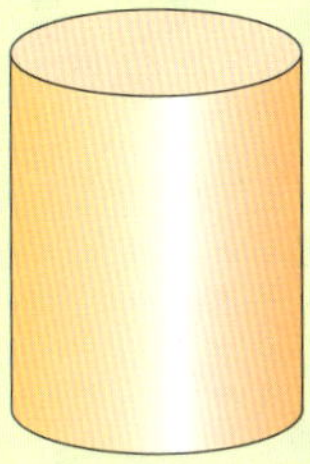

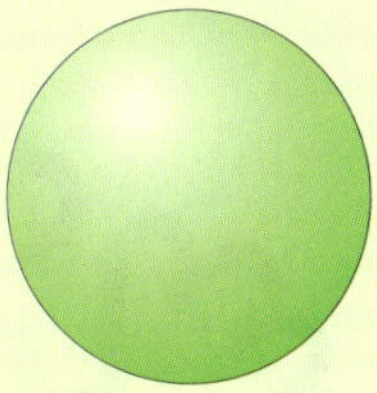

현진이는 퍼즐을 맞추고 있습니다. 앞으로 몇 조각만 맞추면 그림이 완성 될텐데 힘들어 합니다. 아래의 조각을 오려서 알맞은 자리에 붙여 보시오.

 창의력 학습

경시 대회 예상 문제

1 △와 □의 두 수를 모아 ○ 안의 수가 되도록 빈 곳에 알맞은 수를 써넣으시오.

(1)

7

△	1	2		4
□	6		4	

(2)

9

△	4		6	
□		2		1

2 다음 빈 곳에 알맞은 수를 써넣으시오.

(1)
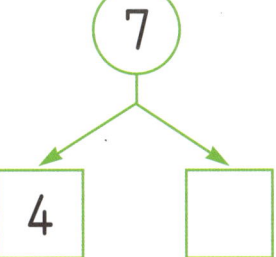

(2)
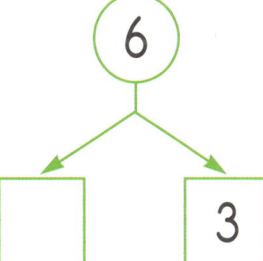

(3)
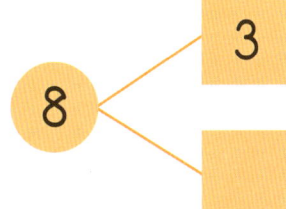

(4)
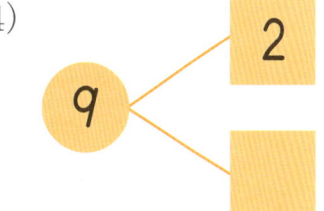

3 주머니 속에 바둑돌이 6개 있습니다. 그중에서 검은색 바둑돌이 3개입니다. 흰색 바둑돌은 몇 개입니까?

[답]

4 껌이 8개 있습니다. 두 사람이 똑같이 나누어 가지려면 한 사람이 몇 개씩 가지면 됩니까?

[답]

5 보슬이는 빨간 색종이 4장과 파란 색종이 5장을 가지고 있습니다. 보슬이가 가지고 있는 색종이는 모두 몇 장입니까?

[답]

6 주사위를 두 번 던져서 나온 두 수를 모으면 4가 되는 경우를 모두 쓰시오.

[답] _____

7 연필이 6자루 있습니다. 두 사람이 똑같이 나누어 가지려면 한 사람이 몇 자루씩 가지면 됩니까?

[답] _____

8 사탕 6개를 언니와 동생이 나누어 가지려고 합니다. 언니가 4개 가지면 동생은 몇 개 가질 수 있습니까?

[답] _____

9 구슬 9개를 형과 동생이 나누어 가지려고 합니다. 동생이 5개 가지면 형은 몇 개 가질 수 있습니까?

[답] _____

10 사탕 7개를 누나와 동생이 똑같이 나누어 가졌더니 I개가 남았습니다. 누나는 사탕을 몇 개 가졌습니까?

[답] _____

11 놀이터에서 어린이 4명이 놀고 있었습니다. 나중에 몇 명이 더 와서 어린이는 모두 6명이 되었습니다. 나중에 온 어린이는 몇 명입니까?

[답] _____

E2

E76a ~ E90b

학습 관리표

학습 내용		이번 주는?
더하기와 빼기 ②	· 덧셈식 알아보기 · 뺄셈식 알아보기 · 창의력 학습 · 경시 대회 예상 문제	• 학습 방법 : ① 매일매일　② 가끔　③ 한꺼번에 　　　　　하였습니다. • 학습 태도 : ① 스스로 잘　② 시켜서 억지로 　　　　　하였습니다. • 학습 흥미 : ① 재미있게　② 싫증내며 　　　　　하였습니다. • 교재 내용 : ① 적합하다고　② 어렵다고　③ 쉽다고 　　　　　하였습니다.
지도 교사가 부모님께		**부모님이 지도 교사께**
평가	Ⓐ 아주 잘함　　　Ⓑ 잘함　　　Ⓒ 보통　　　Ⓓ 부족함	

원(교)　　　　반　　이름　　　　　　전화

기초부터 탄탄하게
G 기탄교육
www.gitan.co.kr / (02)586-1007(대)

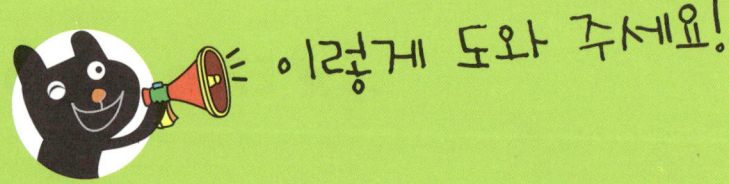# 이렇게 도와 주세요!

● **학습 목표**
– 합이 9 이하인 덧셈식을 쓰고 읽으면서, 덧셈을 할 수 있다.
– 빼어지는 수가 9 이하인 뺄셈식을 쓰고 읽으면서, 뺄셈을 할 수 있다.
– 덧셈식을 보고 뺄셈식을, 뺄셈식을 보고 덧셈식을 만들 수 있다.
– 두 수를 바꾸어 더해도 합이 같음을 알 수 있다.

● **지도 내용**
– 구체물과 반구체물을 이용하여 더하기와 빼기를 해 보고 기호를 써서 덧셈식과 뺄
  셈식으로 나타내 보고 읽어 보게 한다.
– 합이 9 이하인 덧셈과 빼어지는 수가 9 이하인 뺄셈을 해 보게 한다.
– 덧셈식을 보고 뺄셈식으로 나타내 보게 한다.
– 전체와 부분의 관계를 이해하고 뺄셈식을 보고 덧셈식으로 나타내 보게 한다.
– 덧셈식에서 더하는 두 수를 바꾸어 더해 보고 합이 같음을 알아보게 한다.

● **지도 요점**
생활의 장면에서 덧셈과 뺄셈이 이루어지는 경우를 알아보게 하여 덧셈과 뺄셈의 연
산의 의미를 이해하게 하고 활용하게 합니다. 덧셈이 이루어지는 경우에서 합하는 경
우와 보태는 경우를 골고루 경험할 수 있도록 제시하고, 일상생활에서 사용되는 '합
한다', '더한다', '보탠다', '~보다 몇 큰 수' 등의 덧셈을 의미하는 용어들을 다양하
게 취급하고 적절하게 사용할 수 있도록 지도합니다.
뺄셈이 이루어지는 경우는 덜어내는 경우와 비교하여 차를 구하는 경우가 있습니다,
이 두 경우를 골고루 구체적인 사례와 상황을 제시하여 경험하게 하고, '뺀다', '덜어
낸다', '차', '~보다 몇 작은 수' 등의 뺄셈을 의미하는 용어들을 다양하게 제시하고
적절하게 사용할 수 있도록 지도합니다.
한 자리 수끼리의 덧셈, 뺄셈을 10 미만의 범위에서 계산 기능이 숙달되도록 하고, 구
체물을 가지고 더해 보고 빼 보는 활동을 통하여 자연스럽게 지도합니다. 아울러, 바
꾸어 더해 보기를 구체물 조작을 통하여 경험시켜서 덧셈의 교환성도 자연스럽게 익
힐 수 있도록 합니다.

E-76a

● 이름 :

● 날짜 :

● 시간 :   시   분 ~   시   분

확인

● 은 모두 몇 개입니까?

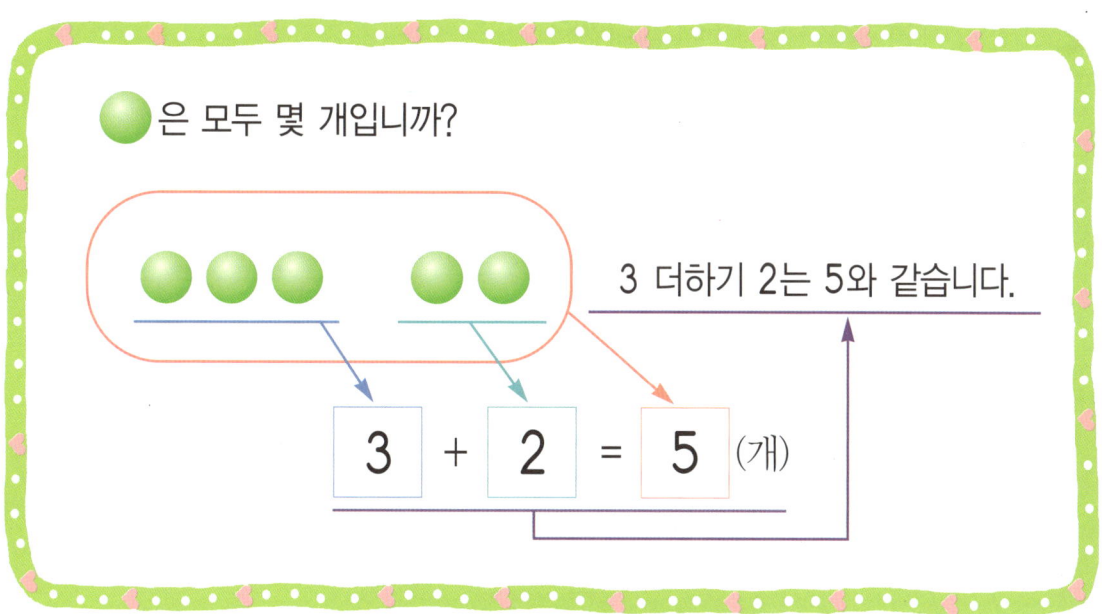

3 더하기 2는 5와 같습니다.

$$3 + 2 = 5 \text{ (개)}$$

1 연필은 모두 몇 자루입니까?

$$\boxed{} + \boxed{} = \boxed{} \text{ (자루)}$$

3 더하기 3은 $\boxed{}$ 과 같습니다.

사고력 학습

2 병아리는 모두 몇 마리입니까?

5 + ☐ = ☐ (마리)

3 나비는 모두 몇 마리입니까?

5 + ☐ = ☐ (마리)

🌸 이름 :

🌸 날짜 :

🌸 시간 :　　시　　분 ~ 　　시　　분

확인

1 물고기는 모두 몇 마리입니까?

5 + ☐ = ☐ (마리)

2 강아지는 모두 몇 마리입니까?

5 + ☐ = ☐ (마리)

사고력 학습

3 병아리와 오리는 모두 몇 마리입니까?

$$3 + 6 = \boxed{} \text{(마리)}$$

4 꽃은 모두 몇 송이입니까?

$$\boxed{} + 4 = \boxed{} \text{(송이)}$$

사고력 학습

🌸 이름 :

🌸 날짜 :

🌸 시간 :　　시　　분 ~　　시　　분

확인

1 관계있는 것끼리 선으로 이으시오.

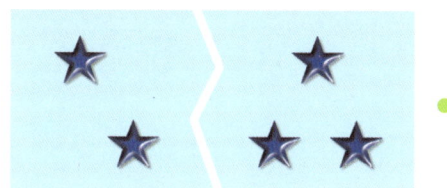

2 + 3

5 + 3

4 + 3

4 + 5

4 + 4

사고력 학습

E-78b

👻 다음 빈 곳에 알맞은 덧셈식을 쓰시오.(2~8)

2　| 더하기 5　· · · · · ▶　| + 5

3　2 더하기 6　· · · · · ▶

4　4 더하기 5　· · · · · ▶

5　3 더하기 2　· · · · · ▶

6　5 더하기 2　· · · · · ▶

7　6 더하기 3　· · · · · ▶

8　8 더하기 |　· · · · · ▶

사고력 학습

★ 이름 :

★ 날짜 :

★ 시간 :　　시　　분 ~　　시　　분

🐸 다음 덧셈식을 읽어 보시오.(1~7)

1　　4 + 2　·······▶　　4 더하기 2

2　　5 + 3　·······▶

3　　6 + 2　·······▶

4　　7 + 2　·······▶

5　　3 + 6　·······▶

6　　6 + 1　·······▶

7　　5 + 3　·······▶

사고력 학습

다음 그림을 보고 덧셈식을 쓰고 읽어 보시오.(8~12)

8

덧셈식: 4 + 3

읽 기: 4 더하기 3

9

덧셈식:

읽 기:

10

덧셈식:

읽 기:

11

덧셈식:

읽 기:

12

덧셈식:

읽 기:

사고력 학습

★ 이름 :

★ 날짜 :

★ 시간 :　　시　　분 ~ 　　시　　분

확인

쓰기 : 5 + 3

읽기 : 5 더하기 3

5 + 3 = 8

5 더하기 3은 8과 같습니다.
5와 3의 합은 8입니다.

🐸 다음을 덧셈식으로 쓰시오.(1~5)

1 3 더하기 3은 6과 같습니다. ➡ $3 + 3 = 6$

2 5 더하기 2는 7과 같습니다. ➡

3 8 더하기 1은 9와 같습니다. ➡

4 7과 2의 합은 9입니다. ➡

5 4와 4의 합은 8입니다. ➡

사고력 학습

다음 그림을 보고 덧셈식을 써 보시오.(6~10)

6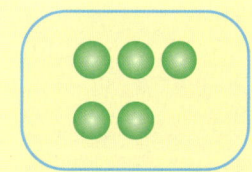

덧셈식 : $5 + 3 = 8$

7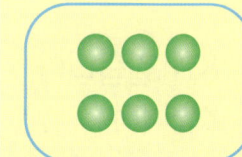

덧셈식 :

8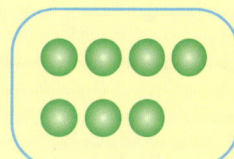

덧셈식 :

9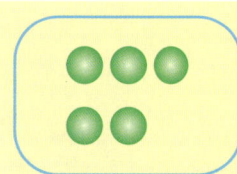

덧셈식 :

10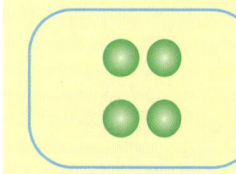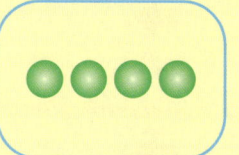

덧셈식 :

사고력 학습

✿ 이름 :

✿ 날짜 :

✿ 시간 :   시   분 ~   시   분

확인

🐸 다음 계산을 하시오.(1~10)

1 3 + 1 =

2 4 + 2 =

3 3 + 3 =

4 4 + 3 =

5 5 + 3 =

6 6 + 3 =

7 4 + 5 =

8 2 + 7 =

9 2 + 4 =

10 1 + 5 =

사고력 학습

11 보라는 파란 색연필 **3**자루와 노란 색연필 **2**자루를 가지고 있습니다. 보라가 가지고 있는 색연필은 모두 몇 자루입니까?

[덧셈식] _____ [답] _____ 자루

12 운동장에서 여자 어린이 **5**명과 남자 어린이 **4**명이 놀고 있습니다. 운동장에서 놀고 있는 어린이는 모두 몇 명입니까?

[덧셈식] _____ [답] _____ 명

13 꽃밭에 꿀벌 **4**마리가 있습니다. 조금 후에 꿀벌 **3**마리가 더 날아왔습니다. 꽃밭에 있는 꿀벌은 모두 몇 마리입니까?

[덧셈식] _____ [답] _____ 마리

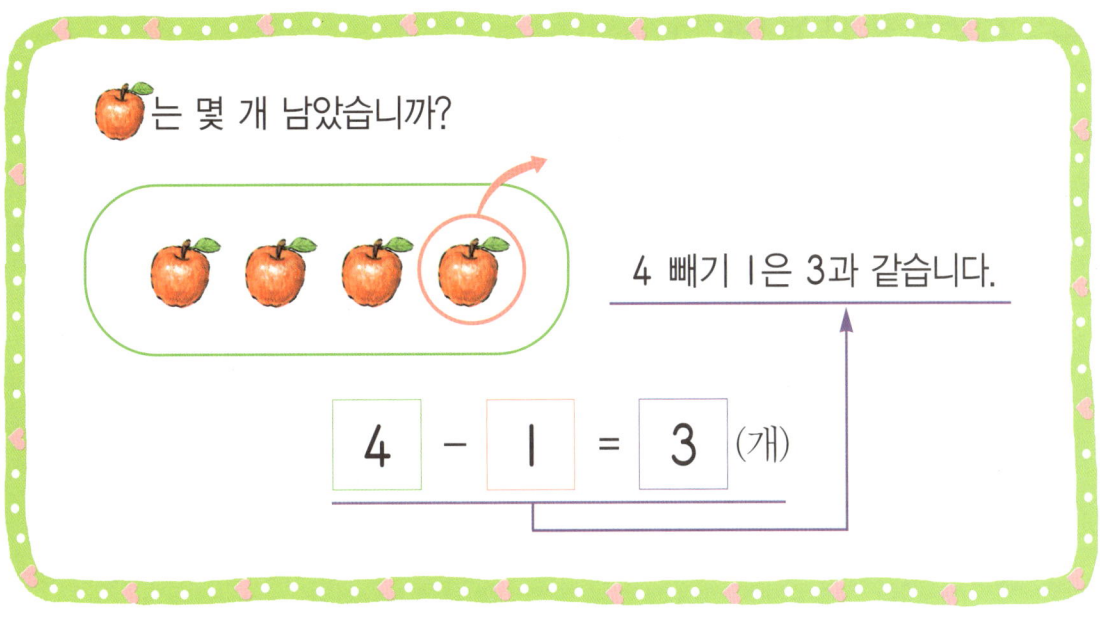

🍎는 몇 개 남았습니까?

4 빼기 1은 3과 같습니다.

$$4 - 1 = 3 \text{ (개)}$$

1　사자는 몇 마리 남았습니까?

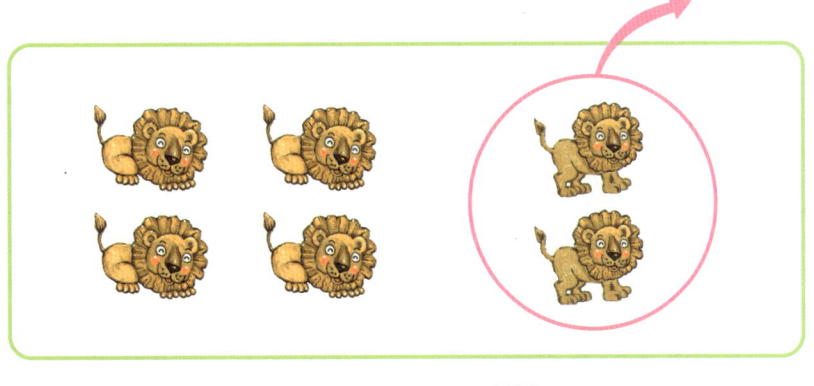

$$\boxed{} - \boxed{} = \boxed{} \text{ (마리)}$$

6 빼기 2는 $\boxed{}$ 와 같습니다.

사고력 학습

2 풍선은 몇 개 남았습니까?

7 – ☐ = ☐ (개)

3 나비는 몇 마리 남았습니까?

8 – ☐ = ☐ (마리)

1 참새는 몇 마리 남았습니까?

$$\boxed{} - 2 = \boxed{} (마리)$$

2 토끼는 몇 마리 남았습니까?

$$\boxed{} - 4 = \boxed{} (마리)$$

사고력 학습

3 별은 몇 개 남았습니까?

☐ − ☐ = ☐ (개)

4 꽃은 몇 송이 남았습니까?

☐ − ☐ = ☐ (송이)

1 관계있는 것끼리 선으로 이으시오.

★★★ ★★★	7 − 2
★★★★★★ ★★★	6 − 3
★★ ★★★ ★★	9 − 3
★★ ★★ ★★ ★★★	8 − 5
★ ★★ ★★ ★★★	9 − 5

사고력 학습

🔸 다음 빈 곳에 알맞은 뺄셈식을 쓰시오.(2~7)

2 7 빼기 5 ┈┈┈┈▶ 7 − 5

3 5 빼기 1 ┈┈┈┈▶

4 8 빼기 6 ┈┈┈┈▶

5 9 빼기 7 ┈┈┈┈▶

6 6 빼기 3 ┈┈┈┈▶

7 7 빼기 2 ┈┈┈┈▶

사고력 학습

E-85a

🐸 다음 뺄셈식을 읽어 보시오.(1~5)

1   5 − 3   ┈┈┈┈▶   5 빼기 3

2   4 − 1   ┈┈┈┈▶

3   9 − 7   ┈┈┈┈▶

4   8 − 2   ┈┈┈┈▶

5   7 − 4   ┈┈┈┈▶

사고력 학습

👻 다음 그림을 보고 뺄셈식을 쓰고 읽어 보시오.(6~10)

6
    뺄셈식: 8 - 2
    읽 기: 8 빼기 2

7
    뺄셈식: _____
    읽 기: _____

8
    뺄셈식: _____
    읽 기: _____

9
    뺄셈식: _____
    읽 기: _____

10
    뺄셈식: _____
    읽 기: _____

★ 이름 :

★ 날짜 :

★ 시간 :　시　분 ~　시　분

확인

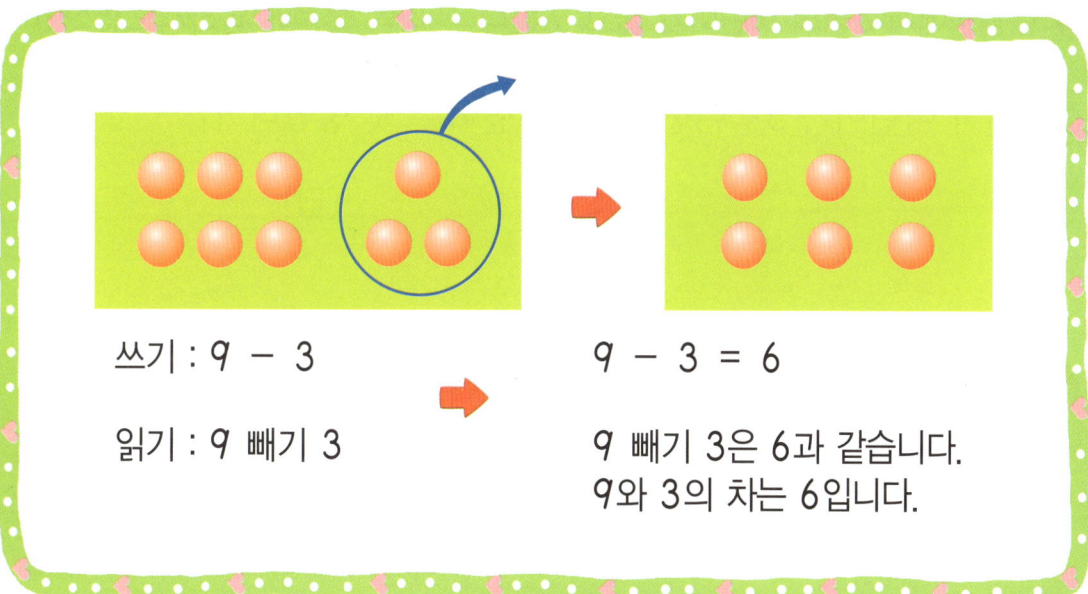

쓰기 : 9 − 3

읽기 : 9 빼기 3

9 − 3 = 6

9 빼기 3은 6과 같습니다.
9와 3의 차는 6입니다.

🐸 다음을 뺄셈식으로 쓰시오.(1~4)

1 6 빼기 2는 4와 같습니다.　➡　6 − 2 = 4

2 8 빼기 5는 3과 같습니다.　➡

3 9와 5의 차는 4입니다.　➡

4 6과 5의 차는 1입니다.　➡

👻 운동장에서 8명의 어린이가 놀고 있습니다. 다음 물음에 답하시오.(5~9)

5 여자 어린이가 5명이면, 남자 어린이는 몇 명입니까?

[답]

6 남자 어린이가 2명이면, 여자 어린이는 몇 명입니까?

[답]

7 여자 어린이가 3명이면, 남자 어린이는 몇 명입니까?

[답]

8 남자 어린이와 여자 어린이의 수가 똑같다면, 여자 어린이는 몇 명입니까?

[답]

9 잠시 후에 6명이 집으로 갔습니다. 남은 어린이는 몇 명입니까?

[답]

E-87a

★ 이름 :

★ 날짜 :

★ 시간 :   시   분 ~   시   분

확인

😀 다음 계산을 하시오.(1~10)

1 3 − 2 =

2 5 − 4 =

3 7 − 5 =

4 9 − 5 =

5 9 − 8 =

6 8 − 3 =

7 6 − 4 =

8 4 − 3 =

9 4 − 2 =

10 8 − 5 =

사고력 학습

11 미라는 색종이를 **7**장 가지고 있었습니다. 미술 시간에 친구에게 **3**장을 주었습니다. 남은 색종이는 몇 장입니까?

[뺄셈식] _____ [답] _____ 장

12 냉장고에 참외가 **5**개 있었습니다. 아침에 **3**개를 먹었습니다. 남은 참외는 몇 개입니까?

[뺄셈식] _____ [답] _____ 개

13 꽃밭에 나비가 **9**마리 있습니다. 그중에서 **4**마리는 흰나비이고, 나머지는 노랑나비입니다. 노랑나비는 몇 마리입니까?

[뺄셈식] _____ [답] _____ 마리

확인

★ 이름 :

★ 날짜 :

★ 시간 :　　시　　분 ~　　시　　분

🌐 창의력 학습

'1+1'은 얼마입니까? 그래요 '2'입니다. 그런데 영철이는 '1+1=1'이라고 했습니다. 이상하게 생각하신 선생님이 물어 보았더니 영철이는 "물방울 하나에 물방울 하나를 더하면 큰 물방울 하나가 되잖아요."라고 대답하는 것이었습니다. 영철이가 생각한 것처럼 '1+1=1'이 되는 경우를 두 가지만 적어 보시오.

E-88b

아래 모양을 오려서 □를 채워 보시오.

★ 이름 :

★ 날짜 :

★ 시간 :　　시　분 ~　　시　분

확인

 경시 대회 예상 문제

1 두 수의 차가 3인 뺄셈식을 만들어 보시오.

| 4 | − | 1 | = 3 |

　 − 　 = 3

　 − 　 = 3

　 − 　 = 3

　 − 　 = 3

　 − 　 = 3

2 바둑돌 9개에서 몇 개를 덜어 내는 뺄셈식을 만들어 보시오.

　 − 　 = 　

　 − 　 = 　

3 바둑돌 8개를 두 부분으로 갈라서 덧셈식으로 나타내시오.

| 4 | + | 4 | = 8 |

　 + 　 = 8

　 + 　 = 8

　 + 　 = 8

E-89b

4 다음 ☐ 안에 알맞은 수를 써넣으시오.

(1)
⑤ <
$1 + \boxed{4}$
$2 + \boxed{}$
$3 + \boxed{}$

(2)
⑦ <
$2 + \boxed{}$
$3 + \boxed{}$
$4 + \boxed{}$

(3)
⑧ <
$1 + \boxed{}$
$3 + \boxed{}$
$6 + \boxed{}$

(4)
⑥ <
$1 + \boxed{}$
$3 + \boxed{}$
$4 + \boxed{}$

(5)
⑥ <
$9 - \boxed{}$
$8 - \boxed{}$
$7 - \boxed{}$

(6)
⑤ <
$6 - \boxed{}$
$9 - \boxed{}$
$7 - \boxed{}$

(7)
④ <
$9 - \boxed{}$
$8 - \boxed{}$
$7 - \boxed{}$

(8)
⑦ <
$9 - \boxed{}$
$8 - \boxed{}$

5 파란 색종이 5장, 빨간 색종이 4장, 도화지 3장이 있습니다. 색종이는 도화지보다 몇 장 더 많습니까?

[식] _____   [답] _____

6 음료수가 7병 있고, 음료수는 생수보다 2병 더 많습니다. 생수는 몇 병 있습니까?

[식] _____   [답] _____

7 나는 5살이고, 동생은 나보다 3살 더 적습니다. 나와 동생의 나이를 합하면 모두 몇 살입니까?

[식] _____   [답] _____

8 귤이 9개 있었습니다. 동생이 4개를 먹고, 나머지는 형이 먹었습니다. 형이 먹은 귤은 몇 개입니까?

[식]   [답]

9 사탕 9개를 누나와 동생이 똑같이 나누어 가졌더니 1개가 남았습니다. 누나는 사탕을 몇 개 가졌습니까?

[답]

10 꽃밭에 벌 4마리와 나비 2마리가 있었습니다. 잠시 후에 벌 2마리가 날아가고 나비 3마리가 더 날아왔습니다. 꽃밭에 있는 벌과 나비는 모두 몇 마리입니까?

[식]   [답]

사고력도 탄탄! 창의력도 탄탄!

E2

E91a ~ E105b

학습 관리표

학습 내용		이번 주는?

비교하기	· 길이 비교해 보기
	· 높이 비교해 보기
	· 들이 비교해 보기
	· 무게 비교해 보기
	· 넓이 비교해 보기
	· 창의력 학습
	· 경시 대회 예상 문제
		• 학습 방법 : ① 매일매일 ② 가끔 ③ 한꺼번에
		  하였습니다.
		• 학습 태도 : ① 스스로 잘 ② 시켜서 억지로
		  하였습니다.
		• 학습 흥미 : ① 재미있게 ② 싫증내며
		  하였습니다.
		• 교재 내용 : ① 적합하다고 ② 어렵다고 ③ 쉽다고
		  하였습니다.

지도 교사가 부모님께	부모님이 지도 교사께

평가	Ⓐ 아주 잘함	Ⓑ 잘함	Ⓒ 보통	Ⓓ 부족함

원(교)   반   이름   전화

기초부터 탄탄하게
기탄교육
www.gitan.co.kr / (02)586-1007(대)

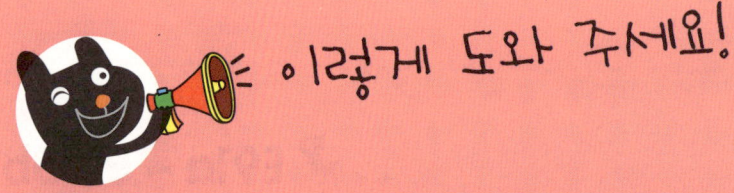

이렇게 도와 주세요!

● **학습 목표**
− 물체의 길이, 높이, 키의 크기를 비교할 수 있다.
− 물체의 들이, 무게, 넓이를 비교할 수 있다.

● **지도 내용**
− 두 물건의 길이를 비교해 보고 '길다, 짧다'로 나타내 보게 한다.
− 두 물건의 높이와 키의 크기를 비교해 보고 '높다(크다), 낮다(작다)'로 나타내 보게
 한다.
− 두 물건의 들이를 비교하여 '많다, 적다'로 나타내 보게 한다.
− 두 물건의 무게를 비교하여 '무겁다, 가볍다'로 나타내 보게 한다.
− 두 물건의 넓이를 비교하여 '넓다, 좁다'로 나타내 보게 한다.
− 세 물건일 때는 '가장 ( ), 중간이다, 가장 ( )'로 나타내 보게 한다.

● **지도 요점**
물체 2~3개의 길이를 직접 비교하여 '가장(더) 길다, 가장(더) 짧다', 높고 낮음을 비교하여 '가장(더) 높다, 가장(더) 낮다' 등의 알맞은 말로 표현할 수 있으며, 구별할 수 있도록 합니다.
2~3개의 그릇이나 용기에 담긴 물체의 양을 직접 비교하여 '가장(더) 많다, 가장(더) 적다' 등의 말로 표현할 수 있으며, 이를 활용할 수 있도록 합니다.
무게는 다른 양과 달리 물체의 모양이나 크기만으로 비교하기 불가능하므로 실제로 들어서 비교하도록 합니다. 물체 2~3개를 들어서 무게를 느껴 보고, 무게를 직접 비교하여 '가장(더) 무겁다, 가장(더) 가볍다' 등의 말로 나타내고, 이를 활용할 수 있도록 합니다.
생활 주변에서 넓이를 비교하여 '가장(더) 넓다, 가장(더) 좁다' 등의 말로 나타내고, 이를 활용할 수 있도록 합니다.
아이들이 직관적인 감각을 이용하여 양을 비교할 수 있는 경험을 제공해야 하며, 여러 가지 종류의 양감을 느낄 수 있도록 지도합니다.
생활 주변에서 양을 비교하는 데 사용되는 여러 가지 말을 찾아보게 하여 양에 대한 풍부한 개념을 형성하게 합니다. 직관적으로 비교하기 어려운 상황을 제시하여 비교할 수 있는 다른 방법을 생각할 수 있는 기회를 제공합니다.

E-91a

🌸 이름 :

🌸 날짜 :

🌸 시간 :　　시　　분 ～　　시　　분

확인

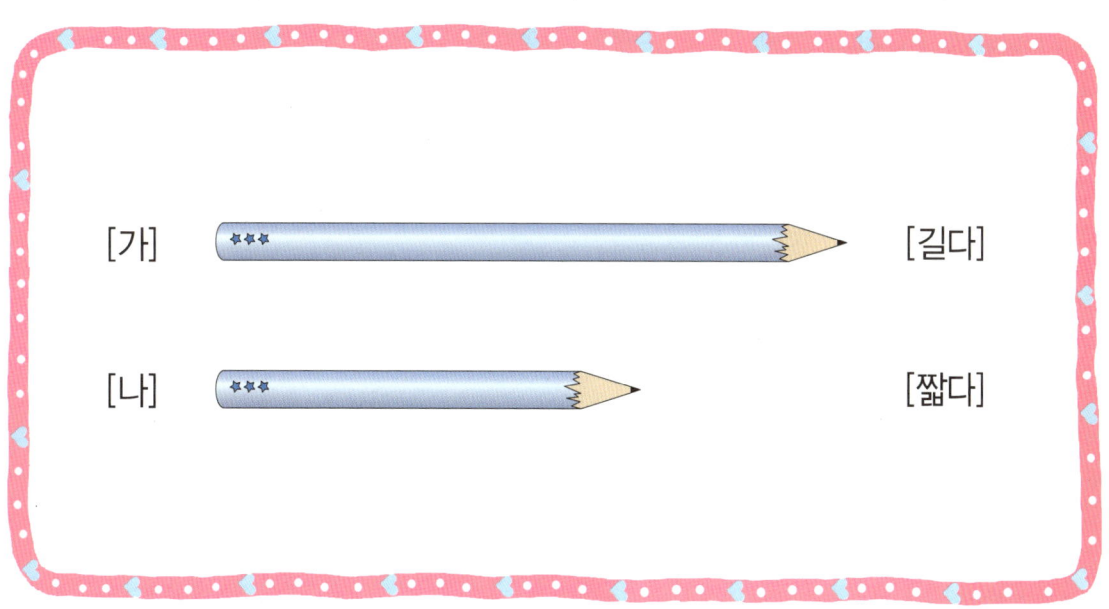

[가]　　　　　　　　　　　　　　　　　　[길다]

[나]　　　　　　　　　　　　　　　　　　[짧다]

🐸 다음 중 더 긴 쪽에 ○표 하시오.(1~2)

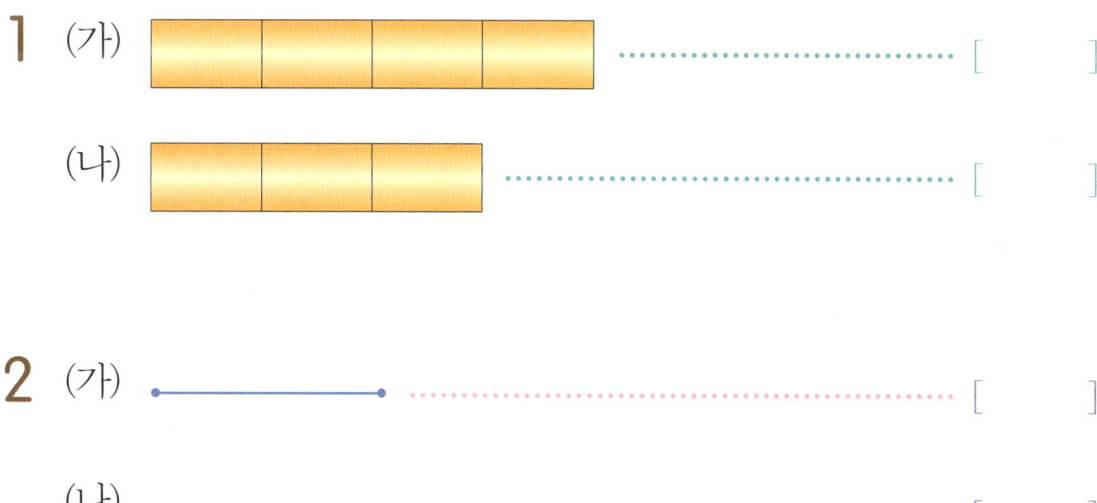

1　(가)　　　　　　　　　　　　　　　　　[　　　]

　　(나)　　　　　　　　　　　　　　　　　[　　　]

2　(가)　　　　　　　　　　　　　　　　　[　　　]

　　(나)　　　　　　　　　　　　　　　　　[　　　]

🗣️ 다음 중 더 짧은 쪽에 △표 하시오.(3~5)

3 (가)

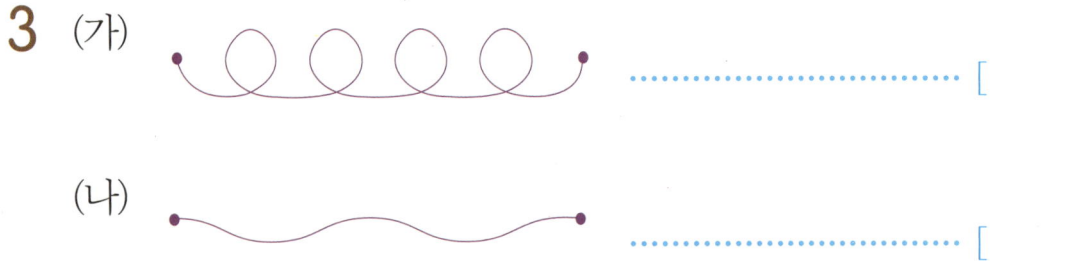

······················ [　　　]

(나)

······················ [　　　]

4 (가)

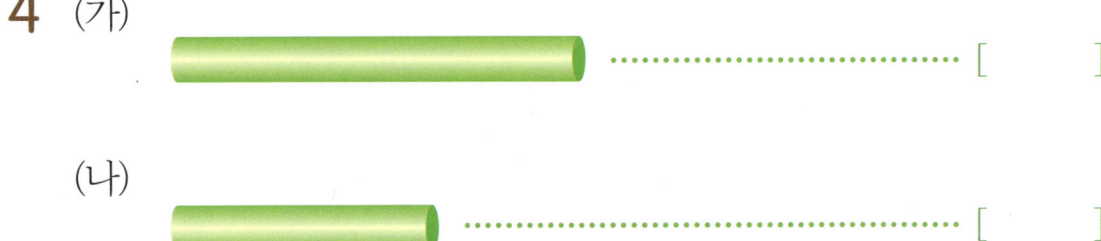

······················ [　　　]

(나)

······················ [　　　]

5 (가)

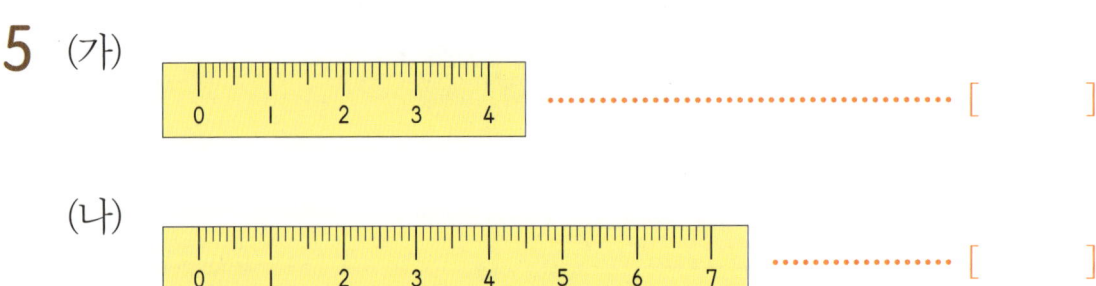

······················ [　　　]

(나)

······················ [　　　]

E-92a

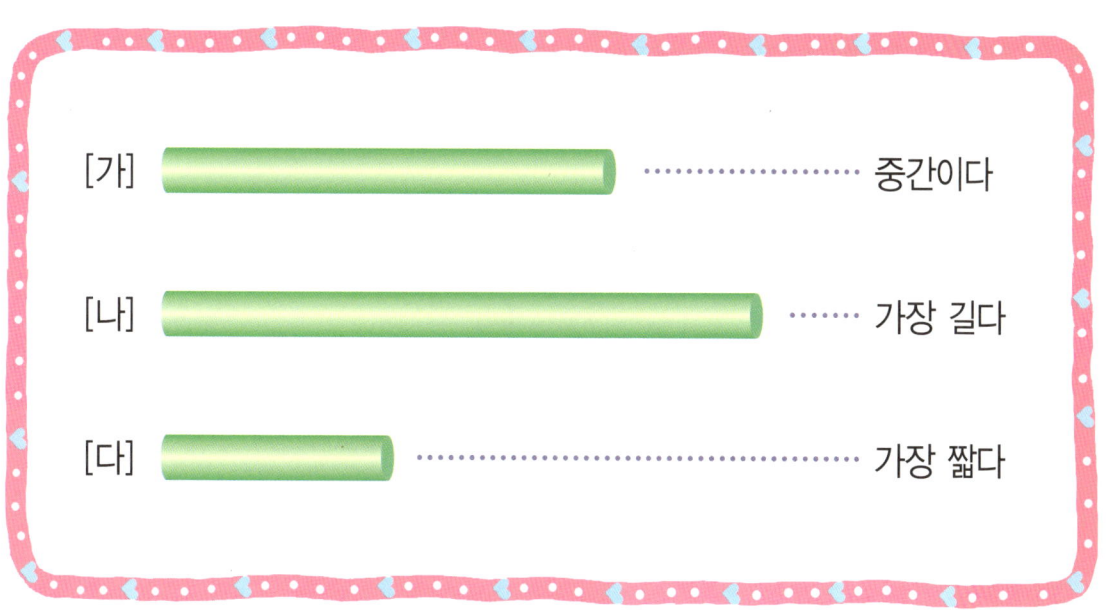

[가] ┄┄┄┄┄┄┄┄ 중간이다

[나] ┄┄┄┄ 가장 길다

[다] ┄┄┄┄┄┄┄┄┄┄ 가장 짧다

다음 중 가장 긴 쪽에 ○표 하시오.(1~2)

1 (가) ┄┄┄┄┄┄┄┄┄┄┄┄ [   ]
  (나) ┄┄┄┄┄┄┄┄┄ [   ]
  (다) ┄┄┄┄┄┄┄┄┄┄┄┄┄┄ [   ]

2 (가) ┄┄┄┄┄┄┄┄┄┄┄┄ [   ]
  (나) ┄┄┄┄┄┄┄┄┄┄┄┄ [   ]
  (다) ┄┄┄┄┄┄┄┄┄┄┄┄ [   ]

다음 중 가장 짧은 쪽에 △표 하시오.(3~5)

3 (가) .... [   ]

(나) .... [   ]

(다) .... [   ]

4 (가) .... [   ]

(나) .... [   ]

(다) .... [   ]

5 (가) .... [   ]

(나) .... [   ]

(다) .... [   ]

사고력 학습

E-93a

🐸 다음 중 길이가 중간인 쪽에 □표 하시오.(1~3)

1 (가) ⸺⸺⸺⸺⸺⸺⸺⸺⸺⸺⸺⸺⸺⸺⸺⸺⸺ [　　]

　　(나) ⸺⸺⸺⸺⸺⸺⸺⸺⸺⸺⸺⸺⸺⸺⸺ [　　]

　　(다) ⸺⸺⸺⸺⸺⸺⸺⸺⸺⸺⸺⸺⸺⸺⸺⸺⸺ [　　]

2 (가) ⸺⸺⸺⸺⸺⸺⸺⸺⸺⸺⸺⸺⸺ [　　]

　　(나) ⸺⸺⸺⸺⸺⸺⸺⸺⸺⸺⸺ [　　]

　　(다) ⸺⸺⸺⸺⸺⸺⸺⸺⸺⸺⸺ [　　]

3 (가) ⸺⸺⸺⸺⸺⸺⸺⸺⸺ [　　]

　　(나) ⸺⸺⸺⸺⸺⸺⸺⸺⸺⸺⸺ [　　]

　　(다) ⸺⸺⸺⸺⸺⸺⸺⸺⸺⸺⸺ [　　]

😮 다음 중 가장 긴 쪽에 ◯표, 가장 짧은 쪽에 △표 하시오.(4~6)

4 (가) ⋯⋯⋯⋯⋯⋯⋯⋯⋯⋯⋯⋯⋯⋯ [　　]

(나) ⋯⋯⋯⋯⋯⋯⋯⋯⋯⋯⋯⋯⋯⋯ [　　]

(다) ⋯⋯⋯⋯⋯⋯⋯⋯⋯⋯⋯⋯⋯⋯ [　　]

5 (가) ⋯⋯⋯⋯⋯⋯⋯⋯⋯⋯⋯⋯⋯⋯ [　　]

(나) ⋯⋯⋯⋯⋯⋯⋯⋯⋯⋯⋯⋯⋯⋯ [　　]

(다) ⋯⋯⋯⋯⋯⋯⋯⋯⋯⋯⋯⋯⋯⋯ [　　]

6 (가) ⋯⋯⋯⋯⋯⋯⋯⋯⋯⋯⋯⋯⋯⋯ [　　]

(나) ⋯⋯⋯⋯⋯⋯⋯⋯⋯⋯⋯⋯⋯⋯ [　　]

(다) ⋯⋯⋯⋯⋯⋯⋯⋯⋯⋯⋯⋯⋯⋯ [　　]

✿ 이름 :

✿ 날짜 :

✿ 시간 :　시　분 ~　시　분

확인

[높다]　　　[낮다]　　　　　　[높다]　　　[낮다]

🐸 다음 중 더 높은 쪽에 ○표 하시오.(1~2)

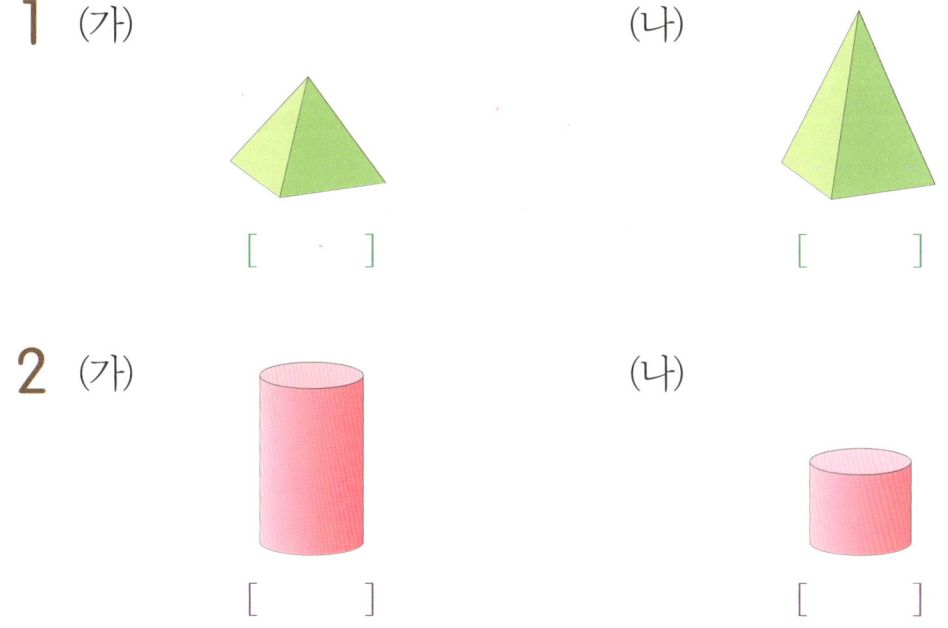

1 (가)　　　　　　　　　　(나)

[　　]　　　　　　　　　　[　　]

2 (가)　　　　　　　　　　(나)

[　　]　　　　　　　　　　[　　]

E-94b

다음 중 더 낮은 쪽에 △표 하시오.(3~5)

3 (가)

[   ]

(나)

[   ]

4 (가)

[   ]

(나)

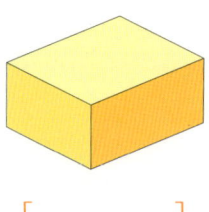

[   ]

5 (가)

[   ]

(나)

[   ]

사고력 학습

★ 이름 :

★ 날짜 :

★ 시간 :   시   분 ~   시   분

확인

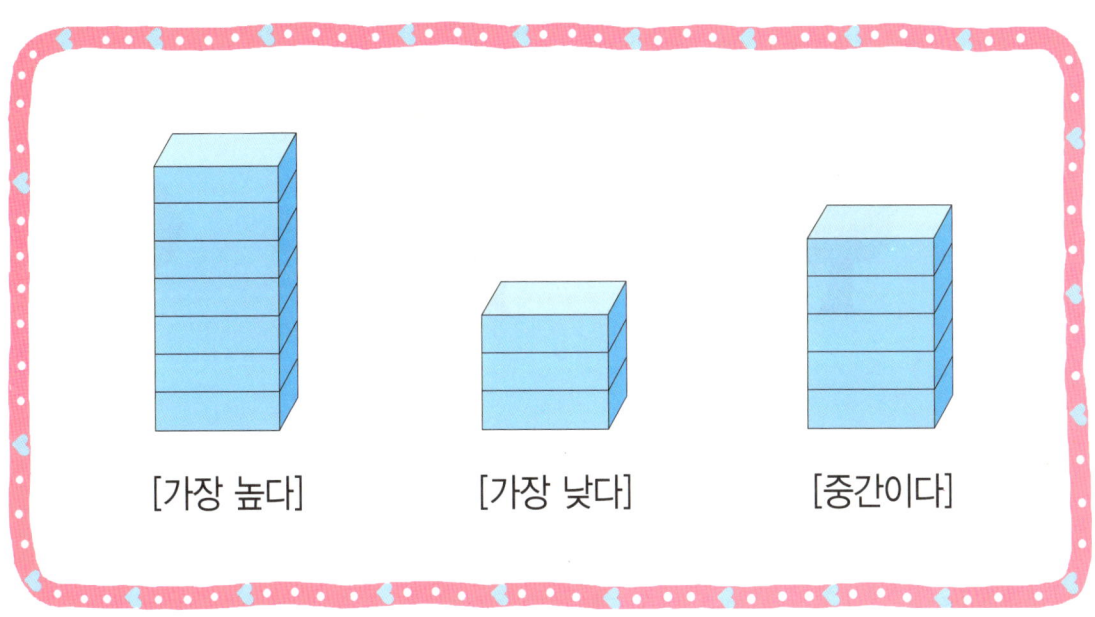

[가장 높다]   [가장 낮다]   [중간이다]

1 가장 높은 쪽에 ◯표 하시오.

(가)   (나)   (다)

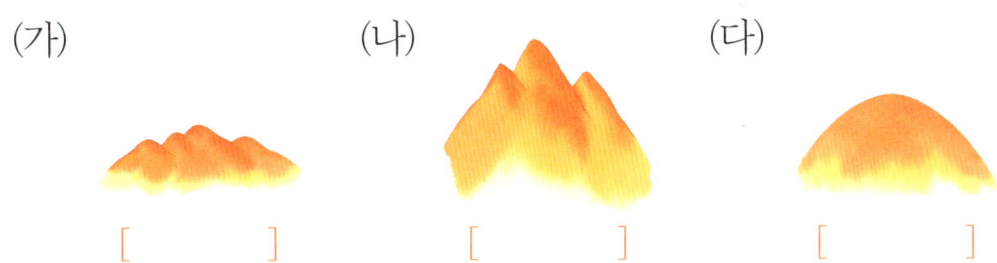

[   ]   [   ]   [   ]

2 가장 낮은 쪽에 △표 하시오.

(가)   (나)   (다)

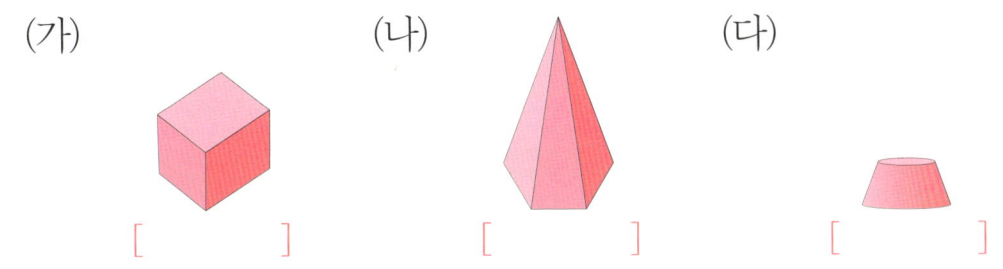

[   ]   [   ]   [   ]

3 가장 높은 쪽에 ○표 하시오.

(가)

(나)

(다)

[   ]　　　　　[   ]　　　　　[   ]

다음 중 가장 낮은 쪽에 △표 하시오.(4~5)

4 (가)

(나)

(다)

[   ]　　　　　[   ]　　　　　[   ]

5 (가)

(나)

(다)

[   ]　　　　　[   ]　　　　　[   ]

사고력 학습

✿ 이름 :

✿ 날짜 :

✿ 시간 :　시　분 ~　시　분

확인

[(키가) 크다]　　[(키가) 작다]　　[작다]　　[크다]

🐸 다음 중 더 큰 쪽에 ○표 하시오.(1~2)

1 (가)

(나)

[　　　]

[　　　]

2 (가)

(나)

[　　　]

[　　　]

다음 중 더 작은 쪽에 △표 하시오.(3~5)

3 (가)

[   ]

(나)

[   ]

4 (가)

[   ]

(나)

[   ]

5 (가)

[   ]

(나)

[   ]

★ 이름 :

★ 날짜 :

★ 시간 :　시　분 ~ 시　분

확인

[중간이다]　　　[가장 크다]　　　[가장 작다]

1 키가 가장 큰 사람 쪽에 ○표 하시오.

(가)　　　　　(나)　　　　　(다)

[　　　]　　　[　　　]　　　[　　　]

2 키가 가장 큰 동물 쪽에 ○표 하시오.

(가)　　　　　(나)　　　　　(다)

[　　　]　　　[　　　]　　　[　　　]

사고력 학습

3 키가 중간인 사람 쪽에 □표 하시오.

(가)    (나)    (다)

[   ]   [   ]   [   ]

🐱 키가 가장 큰 쪽에 ○표, 중간인 쪽에 □표, 가장 작은 쪽에 △표 하시오.(4~5)

4 (가)    (나)    (다)

[   ]   [   ]   [   ]

5 (가)    (나)    (다)

[   ]   [   ]   [   ]

E-98a

[많다]　　　[적다]　　　[많다]　　　[적다]

🐸 다음 중 더 많이 들어 있는 쪽에 ○표 하시오.(1~2)

1 (가)

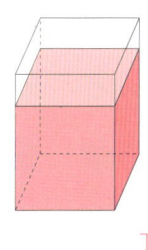

[　　　]

(나)

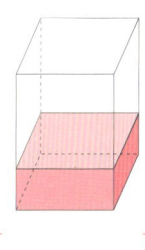

[　　　]

2 (가)

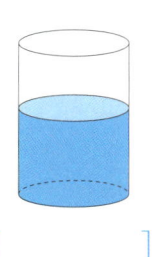

[　　　]

(나)

[　　　]

사고력 학습

👻 다음 중 더 적게 들어 있는 쪽에 △표 하시오.(3~4)

3 (가)

[   ]

(나)

[   ]

4 (가)

[   ]

(나)

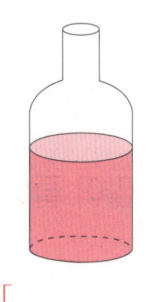

[   ]

5 더 많이 들어 있는 쪽에 ◯표 하시오.

(가)

[   ]

(나)

[   ]

사고력 학습

✿ 이름 :

✿ 날짜 :

✿ 시간 :　　시　　분 ~ 　　시　　분

확인

[가장 많다]　　　　[가장 적다]　　　　[중간이다]

1 가장 많이 들어 있는 쪽에 ◯표 하시오.

(가)　　　　　　(나)　　　　　　(다)

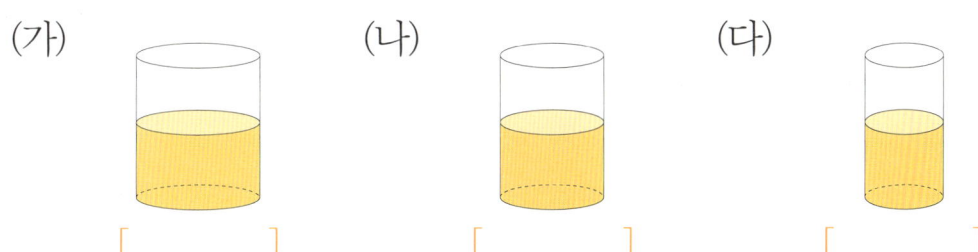

[　　　　]　　　　[　　　　]　　　　[　　　　]

2 가장 적게 들어 있는 쪽에 △표 하시오.

(가)　　　　　　(나)　　　　　　(다)

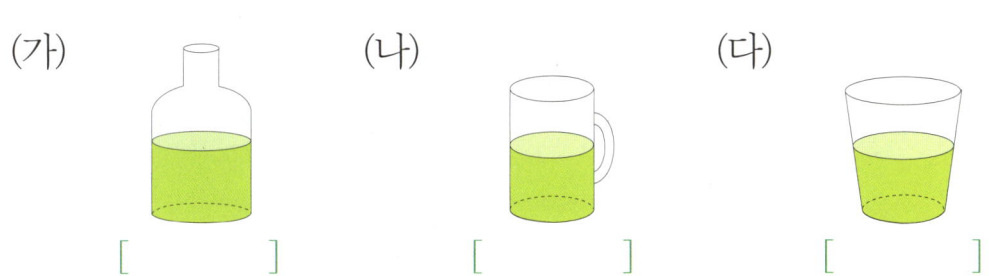

[　　　　]　　　　[　　　　]　　　　[　　　　]

사고력 학습

3 가장 많이 들어 있는 쪽에 ○표 하시오.

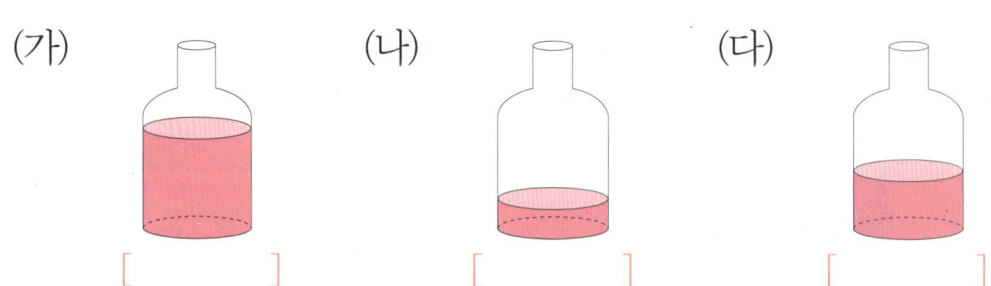

(가)   (나)   (다)

[　　　]   [　　　]   [　　　]

🗣 가장 많이 들어 있는 쪽에 ○표, 중간인 쪽에 □표, 가장 적게 들어 있는 쪽에 △표 하시오.(4~5)

4 (가)   (나)   (다)

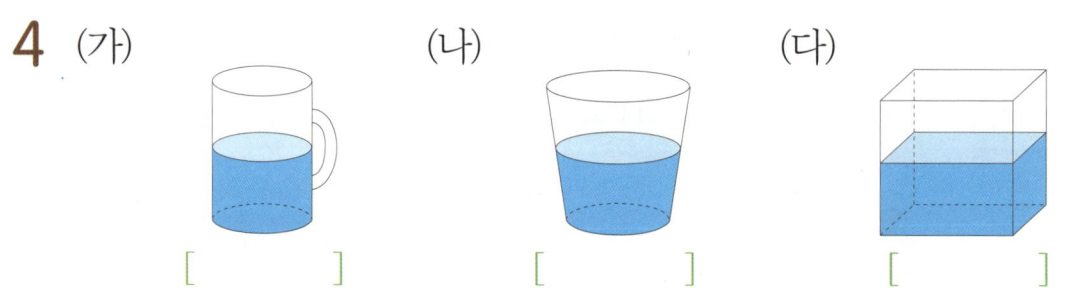

[　　　]   [　　　]   [　　　]

5 (가)   (나)   (다)

[　　　]   [　　　]   [　　　]

[무겁다]　　　　[가볍다]　　　　　[가볍다]　　　　[무겁다]

🐸 다음 중 더 무거운 쪽에 ○표 하시오.(1~2)

1　(가)　　　　　　　　　　　　(나)

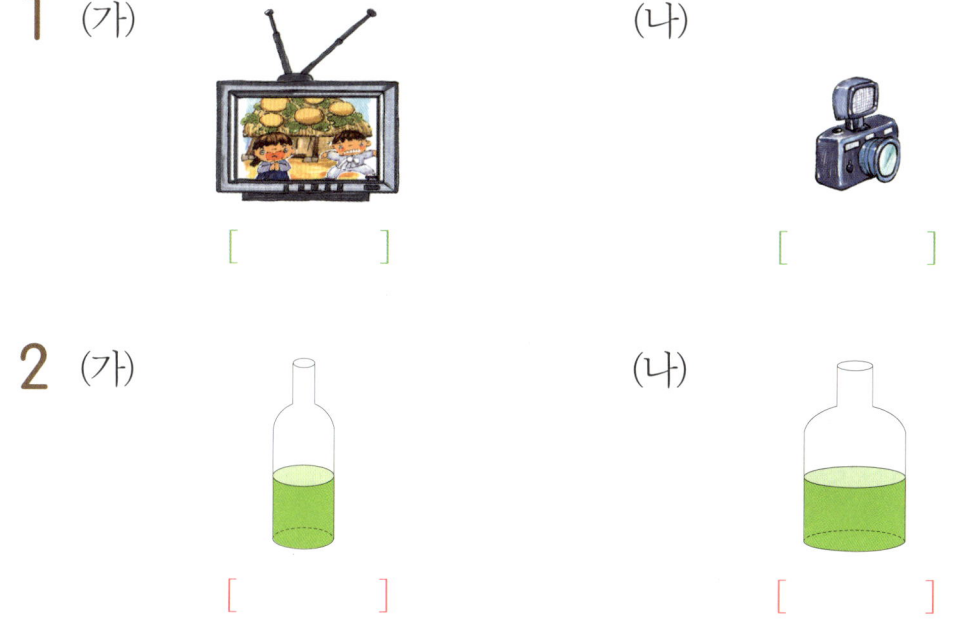

[　　　　　]　　　　　　　[　　　　　]

2　(가)　　　　　　　　　　　　(나)

[　　　　　]　　　　　　　[　　　　　]

다음 중 더 가벼운 쪽에 △표 하시오.(3~4)

3 (가)

[   ]

(나)

[   ]

4 (가)

[   ]

(나)

[   ]

5 더 무거운 쪽에 ○표 하시오.

(가)

[   ]

(나)

[   ]

♣ 이름 :

♣ 날짜 :

♣ 시간 :   시   분 ~   시   분

확인

[가장 가볍다]   [중간이다]   [가장 무겁다]

1 가장 무거운 쪽에 ○표 하시오.

(가)   (나)   (다)

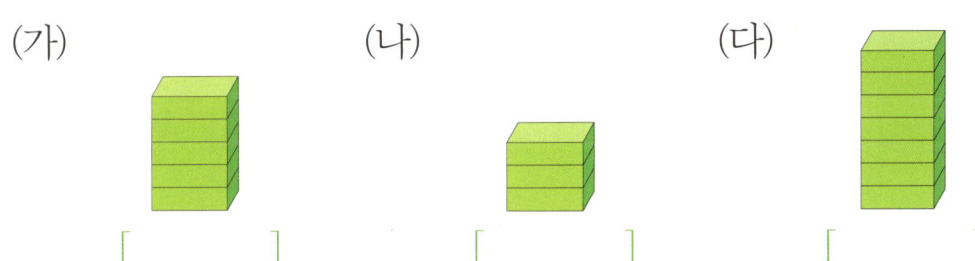

[   ]   [   ]   [   ]

2 가장 가벼운 쪽에 △표 하시오.

(가)   (나)   (다)

[   ]   [   ]   [   ]

3 무게가 중간인 쪽에 □표 하시오.

(가)　　　　　　　　(나)　　　　　　　　(다)

[　　　　]　　　　[　　　　]　　　　[　　　　]

🗨 가장 무거운 쪽에 ○표, 중간인 쪽에 □표, 가장 가벼운 쪽에 △표 하시오.(4~5)

4 (가)　　　　　　　(나)　　　　　　　(다)

[　　　　]　　　　[　　　　]　　　　[　　　　]

5 (가)　　　　　　　(나)　　　　　　　(다)

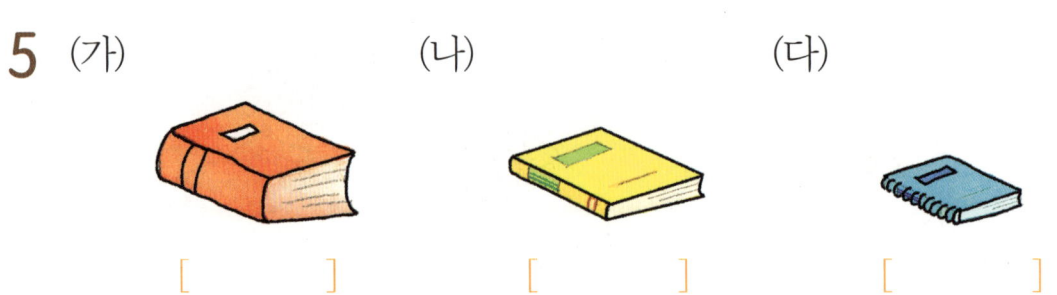

[　　　　]　　　　[　　　　]　　　　[　　　　]

E-102a

🌟 이름 :

🌟 날짜 :

🌟 시간 :　시　분 ~　시　분

확인

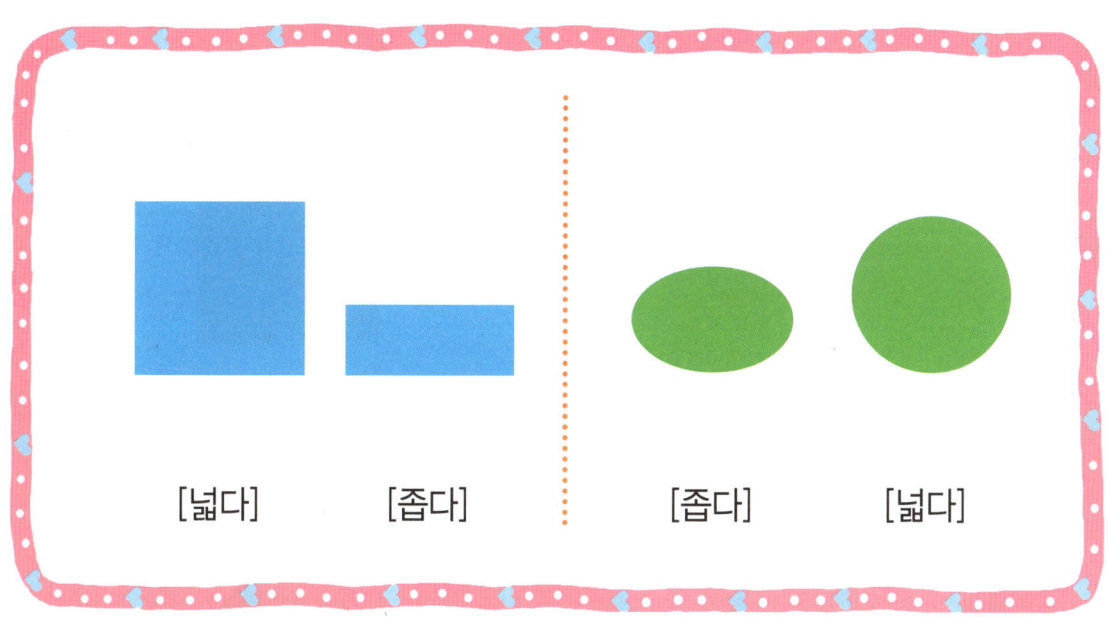

[넓다]　　[좁다]　　　[좁다]　　[넓다]

🐸 다음 중 더 넓은 쪽에 ◯표 하시오.(1~2)

1 (가)　　　　　　　　　　(나)

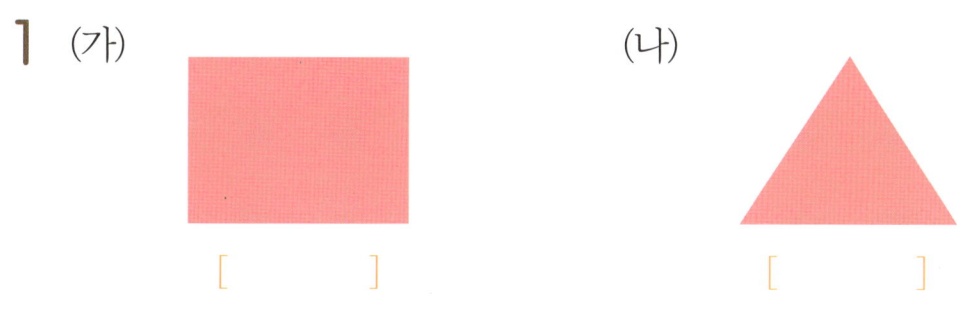

[　　]　　　　　　　[　　]

2 (가)　　　　　　　　　　(나)

[　　]　　　　　　　[　　]

사고력 학습

다음 중 더 좁은 쪽에 △표 하시오.(3~4)

3 (가)   (나)

[   ]   [   ]

4 (가)   (나)

[   ]   [   ]

5 더 넓은 쪽에 ◯표 하시오.

(가)   (나)

[   ]   [   ]

E-103a

[가장 넓다]　　　　[가장 좁다]　　　　[중간이다]

1 가장 넓은 쪽에 ◯표 하시오.

(가)　　　　　　(나)　　　　　　(다)

[　　　　]　　　　[　　　　]　　　　[　　　　]

2 가장 좁은 쪽에 △표 하시오.

(가)　　　　　　(나)　　　　　　(다)

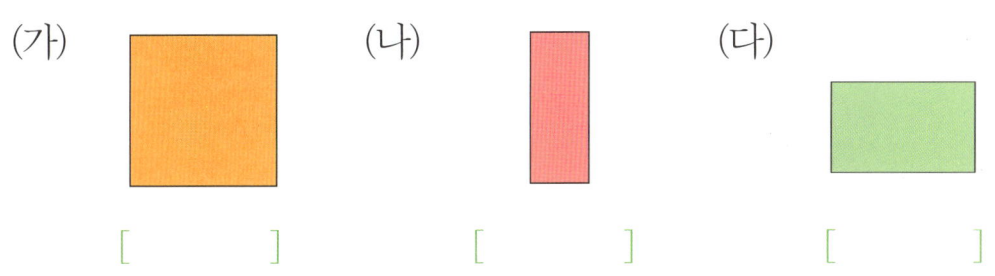

[　　　　]　　　　[　　　　]　　　　[　　　　]

사고력 학습

3 구멍의 넓이가 중간인 쪽에 □표 하시오.

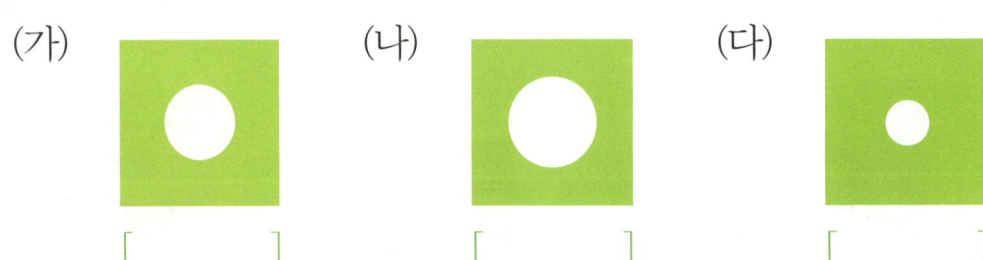

(가)　　　　　　(나)　　　　　　(다)

[　　　]　　　　[　　　]　　　　[　　　]

😮 가장 넓은 쪽에 ○표, 중간인 쪽에 □표, 가장 좁은 쪽에 △표 하시오.(4~5)

4

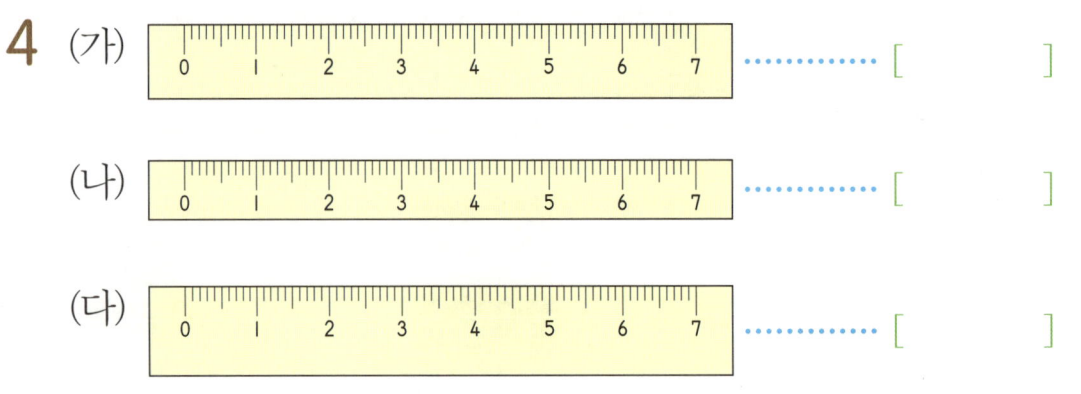

(가) ·············· [　　　]

(나) ·············· [　　　]

(다) ·············· [　　　]

5 (가)　　　　　　(나)　　　　　　(다)

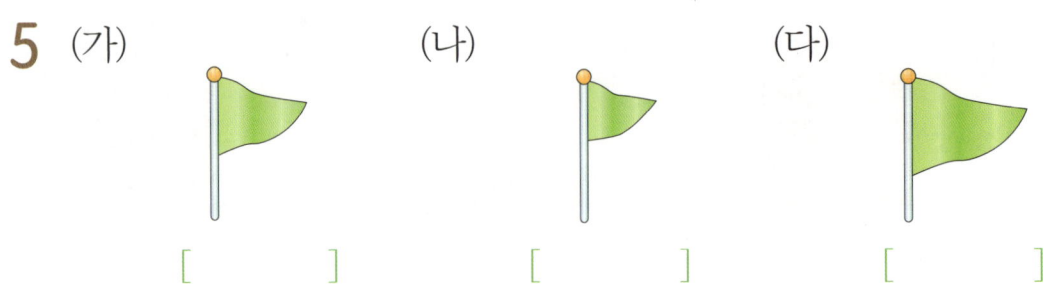

[　　　]　　　　[　　　]　　　　[　　　]

E-104a

창의력 학습

책상의 긴 쪽의 길이는 칠판의 긴 쪽의 길이와 참 비슷해 보입니다. 정민이는 어떤 것의 길이가 더 긴지 궁금해졌습니다. 그런데 어쩌나? 아무리 자를 찾아도 보이질 않습니다. 어떻게 비교할 수 있을지 생각해 보시오.

(※힌트 : 정민이의 가방 속에는 공책, 연필, 지우개, 풀이 들어 있습니다.)

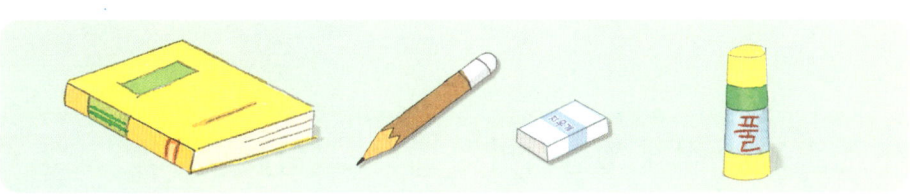

상욱이네 집이 이사를 가려고 이삿짐을 꾸리고 있습니다. 모양과 크기가 같은 상자 6개를 가족들이 하나씩 맡아서 끈으로 단단히 묶었습니다. 물음에 답하시오.

(1) 누가 끈을 가장 많이 썼습니까?　　　　[답]

(2) 누가 끈을 가장 적게 썼습니까?　　　　[답]

➕ 경시 대회 예상 문제

1 무게가 무거운 것부터 차례로 번호를 쓰시오.

①    ②   ③

[무거운 순서]

2 넓이가 좁은 밭부터 차례로 쓰시오.

배추밭	당근밭		
		무밭	

[좁은 순서]

3 다음을 읽고 키가 큰 사람부터 차례로 이름을 쓰시오.

> 보람이는 나리보다 더 크고, 슬기는 나리보다 더 작습니다.
> 한별이는 보람이보다 더 크고, 연실이는 슬기보다 더 작습니다.

[키 큰 순서]

4 다음 중 길이가 중간인 것은 어느 것입니까?

①

②

③

5 다음 중 가장 가벼운 것은 어느 것입니까?

① 물　　② 솜　　③ 모래

6 다음 중 더 무거운 쪽에 ○표, 더 가벼운 쪽에 △표 하시오.

(1)　　　　　　　　　(2)

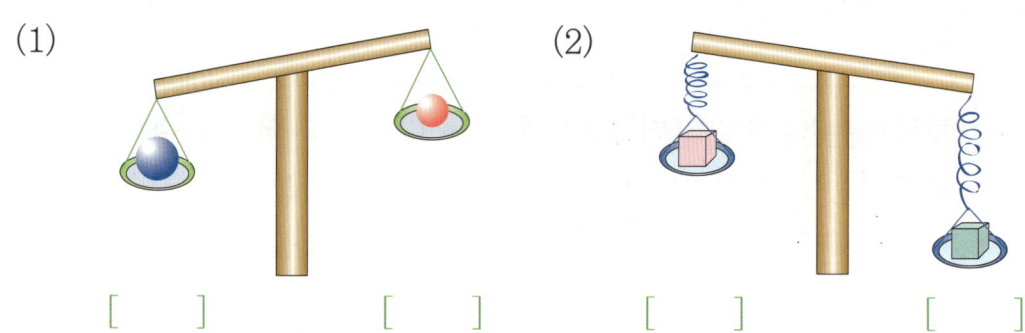

[　]　　　　[　]　　　　[　]　　　　[　]

사고력도 탄탄! 창의력도 탄탄!

E2

E106a ~ E120b

학습 관리표

학습 내용		이번 주는?
확인 학습	· 더하기와 빼기 ① · 더하기와 빼기 ② · 비교하기 · 창의력 학습 · 경시 대회 예상 문제 · 성취도 테스트	• 학습 방법 : ① 매일매일 ② 가끔 ③ 한꺼번에 하였습니다. • 학습 태도 : ① 스스로 잘 ② 시켜서 억지로 하였습니다. • 학습 흥미 : ① 재미있게 ② 싫증내며 하였습니다. • 교재 내용 : ① 적합하다고 ② 어렵다고 ③ 쉽다고 하였습니다.

지도 교사가 부모님께	부모님이 지도 교사께

평가	Ⓐ 아주 잘함	Ⓑ 잘함	Ⓒ 보통	Ⓓ 부족함

원(교)   반   이름   전화

기초부터 탄탄하게
G 기탄교육
www.gitan.co.kr / (02)586-1007(대)

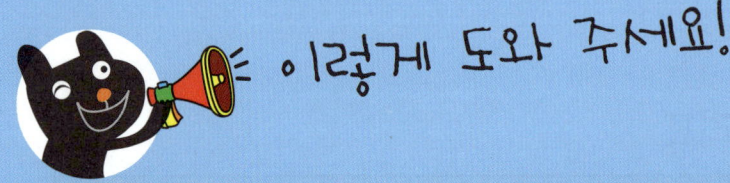
이렇게 도와 주세요!

● 학습 목표
– 합이 9 이하인 두 수를 모으기 할 수 있고, 9 이하의 수를 가르기 할 수 있다.
– 합이 9 이하인 덧셈식을 만들고 읽을 수 있고, 빼어지는 수가 9 이하인 뺄셈식을 만들고 읽을 수 있다.
– 덧셈식(뺄셈식)을 보고 뺄셈식(덧셈식)을 2개 만들 수 있다.
– 두 수를 바꾸어 더해도 합이 같음을 알 수 있다.
– 물체의 길이, 들이, 무게, 넓이를 서로 비교할 수 있다.

● 지도 내용
– 연필이나 사탕 등 주변에서 볼 수 있는 사물을 이용하여 수 가르기와 수 모으기를 활용해 보게 한다.
– 구체물과 반구체물을 이용하여 더하기와 빼기를 해 보고 기호를 써서 덧셈식과 뺄셈식으로 나타내 보게 한다.
– 두 물건과 세 물건을 서로 비교할 때는 어떻게 해야 하는지 알아보게 한다.

● 지도 요점
앞에서 학습한 내용들을 실제 상황에 적용할 수 있도록 도와 줍니다. 예를 들면 물건을 직접 보거나 들어 보고, 길이, 들이, 무게, 넓이 등을 비교해 볼 수 있도록 지도합니다.
가르기나 모으기는 숫자 카드를 이용하는 것이 바람직합니다.
덧셈식을 보고 뺄셈식을 2개 만드는 연습을 통해서 전체와 부분의 관계를 이해하도록 합니다.

E-106a

🌟 이름 :

🌟 날짜 :

🌟 시간 :　시　분 ~　시　분

확인

🐸 다음 빈 곳에 알맞은 수를 써넣으시오.(1~6)

1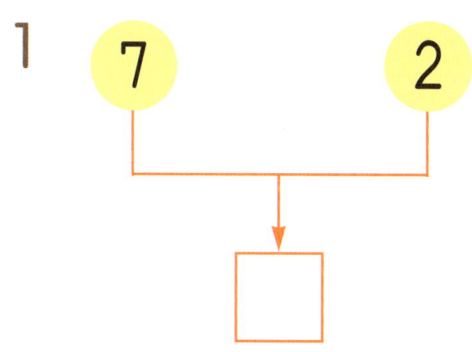

2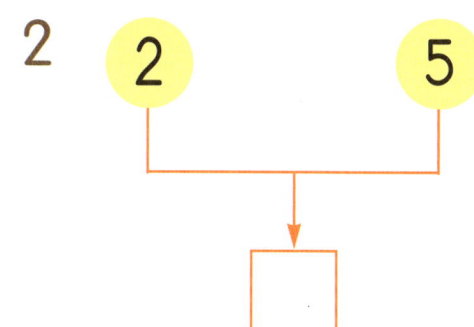

3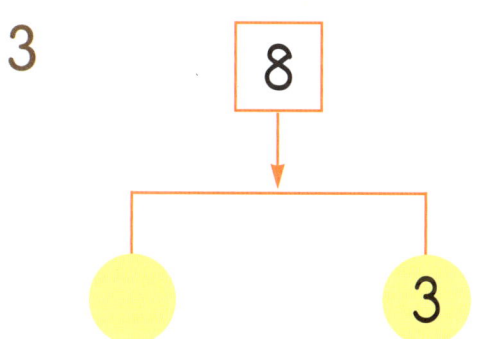

4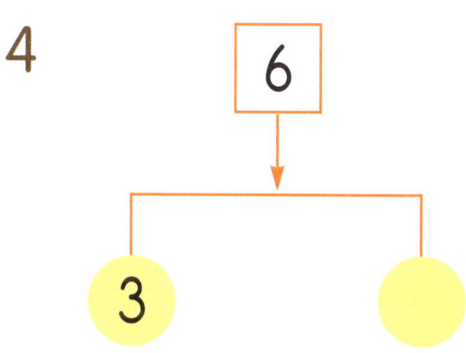

5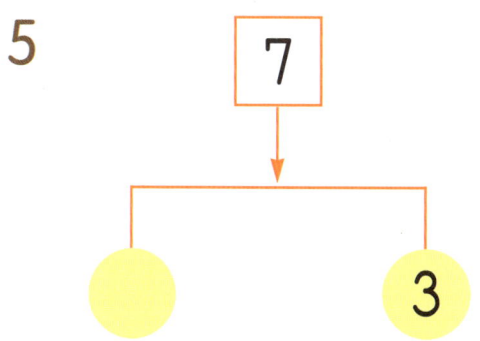

6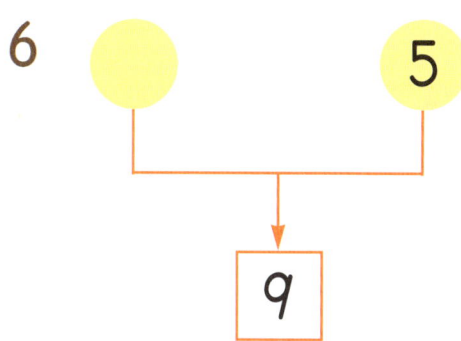

확인 학습

7 귤 9개를 슬기, 누리, 한별이에게 나누어 주려고 합니다. 슬기에게 5개를 주고, 나머지를 누리와 한별이에게 똑같이 나누어 주었습니다. 누리는 몇 개를 가지게 됩니까?

[답]

8 파란 색종이 4장과 노란 색종이 5장이 있습니다. 동생이 3장을 가지면, 언니는 몇 장을 가지게 됩니까?

[식]   [답]

9 초롱이 필통에 연필이 7자루 있었습니다. 초롱이는 친구 2명에게 2자루씩 나누어 주고 나머지는 동생에게 주었습니다. 동생이 받은 연필은 몇 자루입니까?

[식]   [답]

★ 이름 :

★ 날짜 :

★ 시간 :   시   분 ~   시   분

확인

🐸 다음 빈 곳에 알맞은 수를 써넣으시오.(1~4)

1

4	3		7	
5		1		4

2

4	3		1	0
4		6		

3

6		5	4	3
	7			

4

2	1	0	3	4
		6		

확인 학습

5 한솔이는 껌 8개를 친구에게 나누어 주려고 합니다. 친구에게 3개를 주면 한솔이는 친구보다 몇 개 더 많습니까?

[식]   [답]

6 바둑돌이 8개 있습니다. 그중에서 검은색 바둑돌이 6개이면, 흰색 바둑돌은 몇 개입니까?

[식]   [답]

7 놀이터에서 남자 어린이 5명과 여자 어린이 3명이 놀고 있습니다. 모두 9명이 되려면 몇 명의 어린이가 더 와야 합니까?

[식]   [답]

확인 학습

★ 이름 :

★ 날짜 :

★ 시간 :   시   분 ~   시   분

확인

1 예슬이는 빨간색 공깃돌 8개와 파란색 공깃돌 5개를 가지고 있습니다. 빨간색 공깃돌은 파란색 공깃돌보다 몇 개 더 많습니까?

[식]   [답]

2 병아리와 어미 닭이 모두 9마리 있습니다. 어미 닭이 4마리이면, 병아리는 몇 마리입니까?

[식]   [답]

3 주차장에 승용차와 버스가 모두 7대 있습니다. 그중에서 버스는 4대입니다. 승용차는 몇 대입니까?

[식]   [답]

확인 학습

보람이 손에는 바둑돌이 모두 8개 있습니다. 다음 물음에 답하시오.(4~6)

4 보람이가 오른손에 바둑돌을 4개 가지고 있다면, 왼손에는 몇 개를 가지고 있습니까?

[식] _____   [답] _____

5 보람이가 왼손에 바둑돌을 3개 가지고 있다면, 오른손에는 몇 개를 가지고 있습니까?

[식] _____   [답] _____

6 보람이가 오른손과 왼손에 바둑돌을 똑같이 가지고 있다면, 각각 몇 개씩 가지고 있습니까?

[답] 오른손 : _____, 왼손 : _____

7 7사람에게 과일을 1개씩 나누어 주려고 하는데, 과일이 2개가 모자랍니다. 지금 과일은 몇 개 있습니까?

[식] _____   [답] _____

✿ 이름 :

✿ 날짜 :

✿ 시간 :　　시　　분 ~ 　　시　　분

확인

1 그림에 맞는 덧셈식을 쓰고 읽어 보시오.

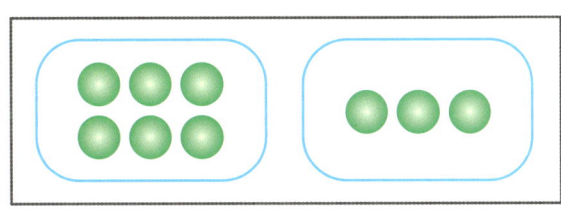

(1) [덧셈식] ☐ + ☐ = ☐

(2) [읽 기]

2 그림에 맞는 뺄셈식을 쓰고 읽어 보시오.

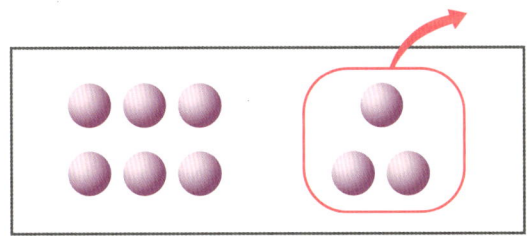

(1) [뺄셈식] ☐ − ☐ = ☐

(2) [읽 기]

확인 학습

👻 다음 계산을 하시오.(3~8)

3   2 + 6 = ☐

4   3 + 4 = ☐

5   7 − 3 = ☐

6   8 − 5 = ☐

7   5 + 3 = ☐

8   9 − 3 = ☐

👻 다음 덧셈식을 보고 뺄셈식을 2개 만드시오.(9~10)

9   4 + 5 = 9    • 뺄셈식

10   2 + 7 = 9    • 뺄셈식

확인 학습

E-110a

★ 이름 :

★ 날짜 :

★ 시간 :　　시　　분 ~　　시　　분

확인

🐸 다음 뺄셈식을 보고 덧셈식을 2개 만드시오.(1~3)

1　　8 − 5 = 3　➡　• 덧셈식

2　　7 − 5 = 2　➡　• 덧셈식

3　　6 − 2 = 4　➡　• 덧셈식

🐸 다음 ☐ 안에 알맞은 수를 써넣으시오.(4~9)

4　$4 + \boxed{} = 7$

5　$\boxed{} + 6 = 9$

6　$8 - \boxed{} = 5$

7　$\boxed{} - 3 = 4$

8　$(2 + 3) + \boxed{} = 6$

9　$(5 + 4) - \boxed{} = 4$

확인 학습

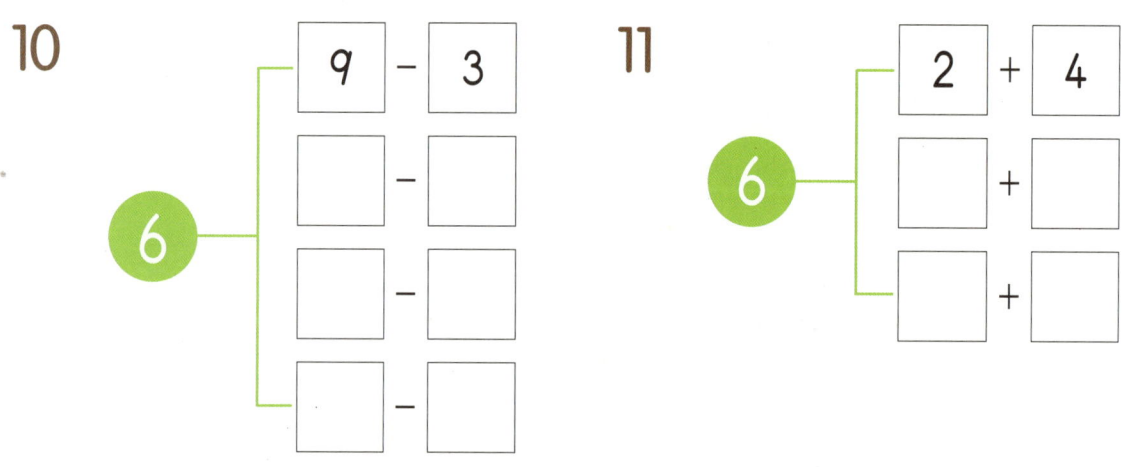

● 안의 수가 되도록 ☐ 안에 알맞은 수를 써넣으시오.(10~11)

10

6
9	−	3
☐	−	☐
☐	−	☐
☐	−	☐

11

6
2	+	4
☐	+	☐
☐	+	☐

12 덧셈을 하여 빈 곳에 알맞은 수를 써넣으시오.

| 1 | +2 | | +3 | | +2 | | +1 | |

13 냉장고에 귤이 7개 있고, 사과는 귤보다 5개 더 적게 있습니다. 냉장고에 있는 귤과 사과는 모두 몇 개입니까?

[식]   [답]

E-111a

★ 이름 :

★ 날짜 :

★ 시간 : 시 분 ~ 시 분

확인

1 필통 속에 파란 색연필 **3**자루, 노란 색연필 **2**자루, 빨간 색연필 **4**자루가 있습니다. 필통 속에 있는 색연필은 모두 몇 자루입니까?

[식]   [답]

2 두리는 지우개를 **4**개 가지고 있습니다. 초롱이는 두리보다 **2**개 더 적게 가지고 있고, 은별이는 초롱이보다 **1**개 더 많이 가지고 있습니다. 두리, 초롱, 은별이가 가지고 있는 지우개는 모두 몇 개입니까?

[답]

3 주사위 **2**개를 동시에 던졌습니다. 나올 수 있는 눈의 수의 합이 가장 작을 때를 구하시오.

[답]

확인 학습

4 전깃줄에 제비가 5마리 있었습니다. 잠시 후에 2마리가 날아가고 6마리가 더 날아왔습니다. 전깃줄에 있는 제비는 몇 마리입니까?

[식]   [답]

5 언니와 동생이 가위바위보를 하였습니다. 언니는 가위를 내고 동생은 보를 냈습니다. 두 사람이 펼친 손가락은 모두 몇 개입니까?

[식]   [답]

6 1부터 3까지 더한 수와 5와의 차는 얼마입니까?

[식]   [답]

★ 이름 :
★ 날짜 :
★ 시간 :　　시　분 ~ 　시　분

확인

1 가장 긴 쪽에 ◯표 하시오.

(가)　　　　　　　　　　　　　　　　　(　　　)

(나)　　　　　　　　　　　　　　　　　(　　　)

(다)　　　　　　　　　　　　　　　　　(　　　)

2 물이 가장 적게 들어가는 쪽에 △표 하시오.

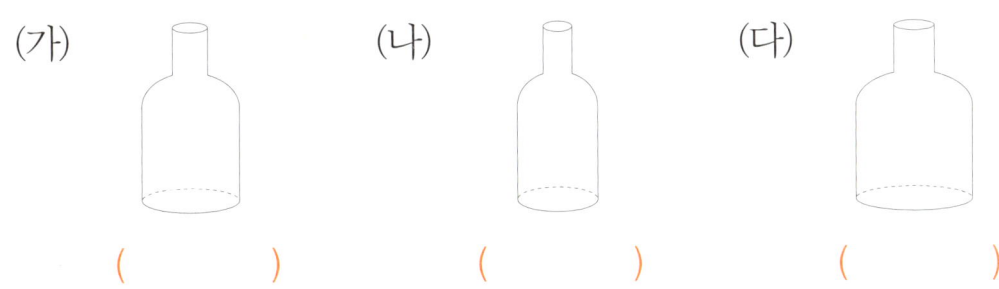

(가)　　　　　　　(나)　　　　　　　(다)

(　　　)　　　(　　　)　　　(　　　)

3 넓이가 중간인 쪽에 ☐표 하시오.

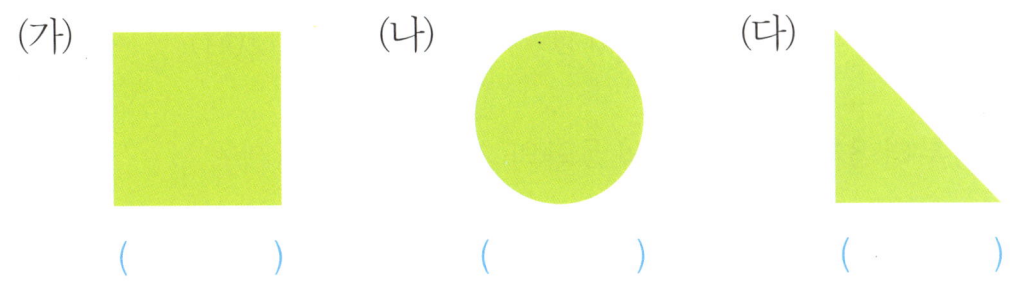

(가)　　　　　　　(나)　　　　　　　(다)

(　　　)　　　(　　　)　　　(　　　)

4 무게가 무거운 것부터 차례로 번호를 쓰시오.

① 세탁기　　② 두부　　③ 책

➜ 무거운 순서 : _____

5 가장 두꺼운 쪽에 ◯표 하시오.

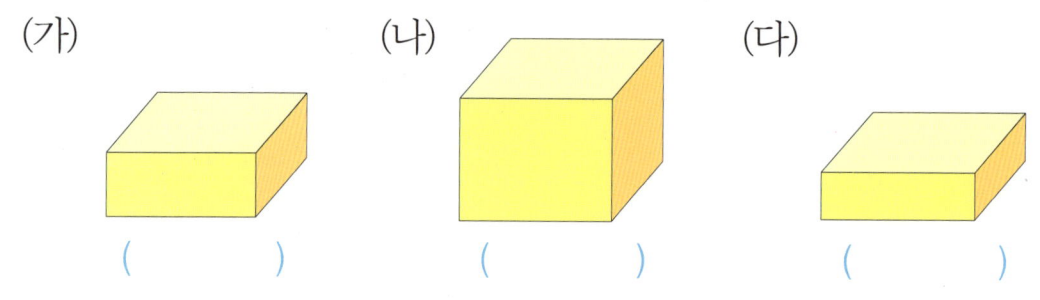

(가) (　)　　(나) (　)　　(다) (　)

6 높이가 중간인 쪽에 ☐표 하시오.

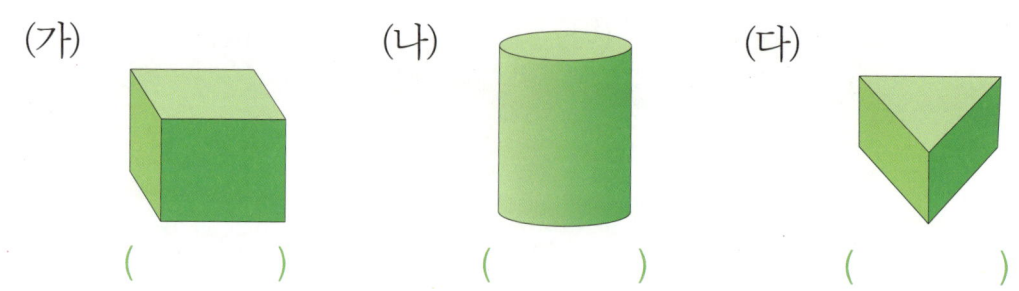

(가) (　)　　(나) (　)　　(다) (　)

★ 이름 :

★ 날짜 :

★ 시간 :　　　시　　분 ~　　　시　　분

확인

1 연필보다 가는 쪽에 △표 하시오.

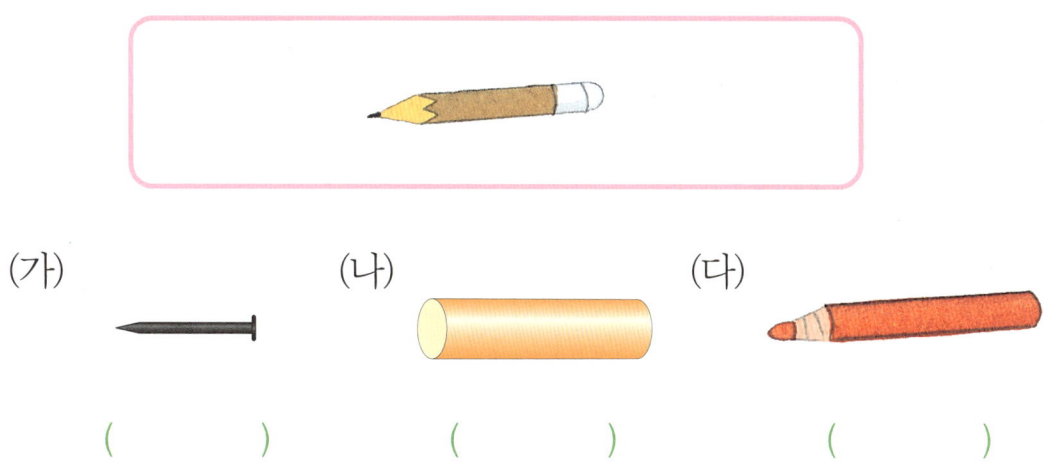

(가)　　　　　　(나)　　　　　　(다)

(　　　)　　　　(　　　)　　　　(　　　)

2 모양과 크기가 같은 그릇에 물을 담았습니다. 무거운 것부터 차례로 번호를 쓰시오.

① ② ③ ④

➡ 무거운 순서 : _____

확인 학습

3 가벼운 것부터 차례로 번호를 쓰시오.

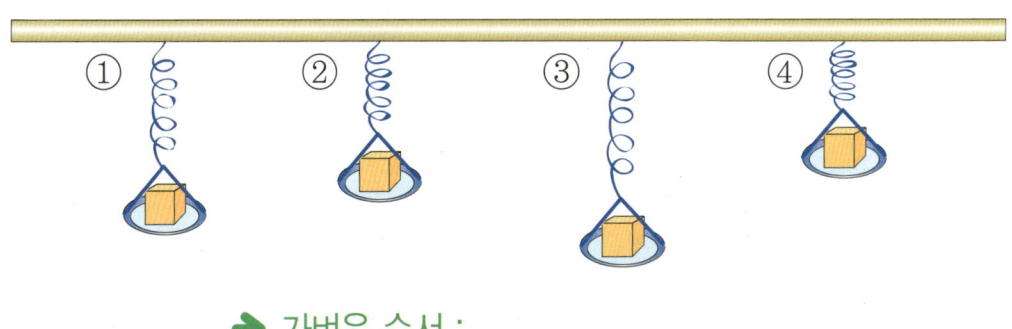

➜ 가벼운 순서 : _____

4 가, 나, 다, 라 중에서 가장 넓은 쪽에 노란색을 칠하시오.

	가		다	
	나			라

5 ( ) 안에 좁은 것부터 차례로 번호를 쓰시오.

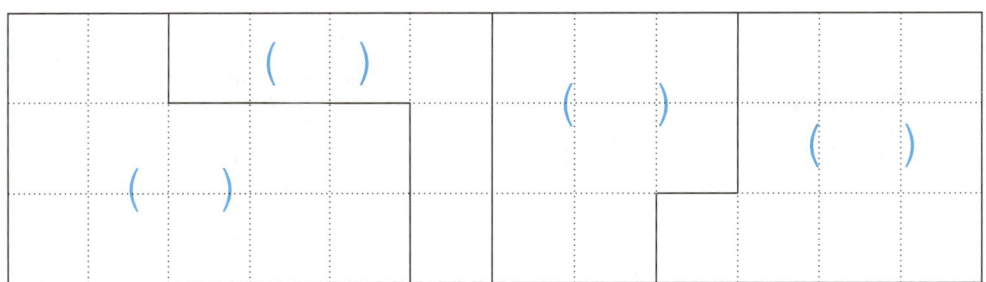

확인 학습

● 이름 :

● 날짜 :

● 시간 :   시   분 ~   시   분

확인

🐸 더 가벼운 쪽에 △표 하시오.(1~2)

1

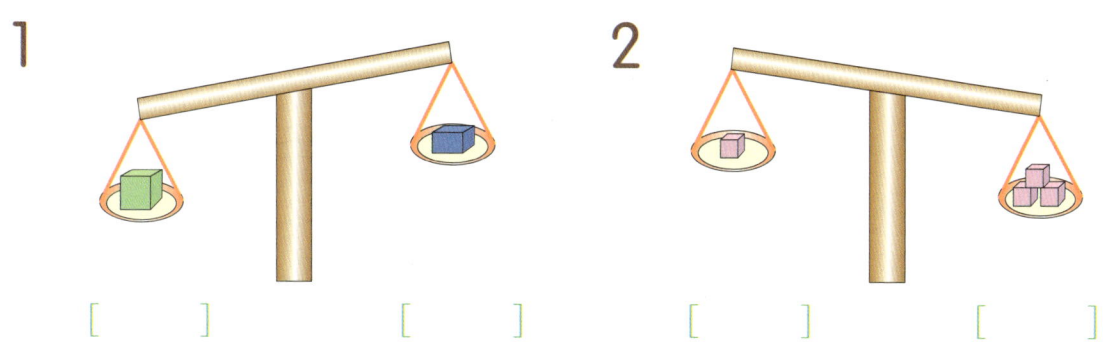

[   ]   [   ]

2

[   ]   [   ]

3 길이가 짧은 것부터 차례로 번호를 쓰시오.

① ●————————●   ② ●————————●

③ ●∼∼∼∼∼●   ④ ●〰〰〰〰〰●

➜ 짧은 순서 : _____

4 모양과 크기가 같은 스펀지, 벽돌, 책이 있습니다. 무게가 가벼운 것부터 차례로 쓰시오.

(   ) → (   ) → (   )

확인 학습

E-114b

😺 다음에서 알맞은 말을 골라 [   ] 안에 써넣으시오.(5~7)

> 높다, 낮다, 길다, 짧다, 무겁다, 가볍다, 넓다,
> 좁다, 많다, 적다, 두껍다, 얇다, 굵다, 가늘다.

5 (가)   (나)

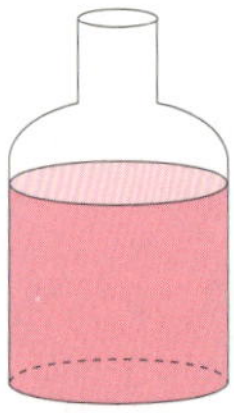

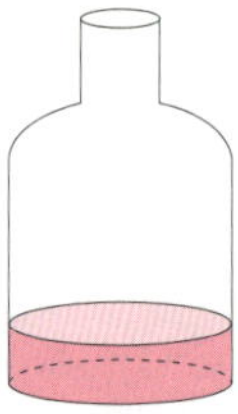

[   ]   [   ]

6 (가)   (나)

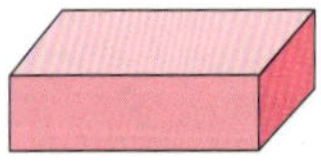

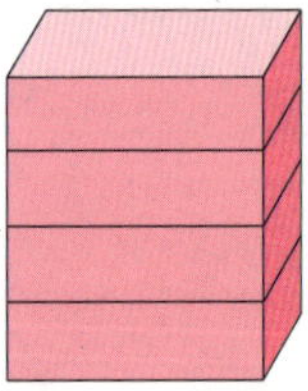

[   ]   [   ]

7 (가)   (나)

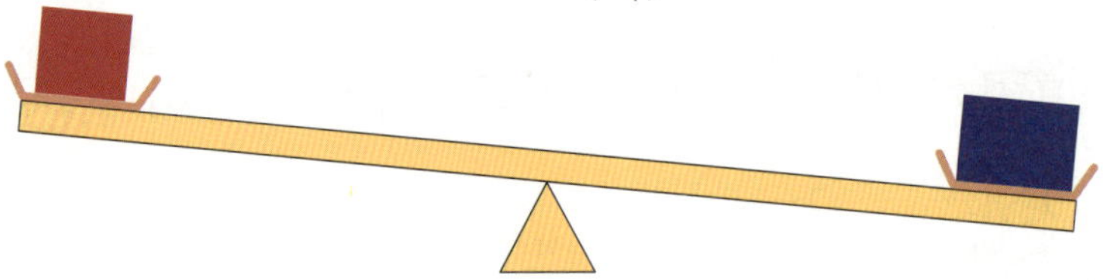

[   ]   [   ]

☕ 확인 학습

★ 이름 :

★ 날짜 :

★ 시간 :　　　시　　　분～　　　시　　　분

확인

🐸 공원에서 어린이 6명이 놀고 있습니다. 다음 물음에 답하시오.(1~4)

1 남자 어린이가 4명이면, 여자 어린이는 몇 명입니까?

[식]　　　　　　　　　　　　　　　　　[답]

2 남자 어린이와 여자 어린이의 수가 같다면 각각 몇 명입니까?

[답] 남자 :　　　　　　　　, 여자 :

3 여자 어린이가 남자 어린이보다 4명 더 많다면, 남자 어린이는 몇 명입니까?

[답]

4 공원에 있는 어린이가 모두 9명이 되려면, 몇 명의 어린이가 더 오면 됩니까?

[식]　　　　　　　　　　　　　　　　　[답]

확인 학습

👻 예담이는 바둑돌을 왼손에 4개, 오른손에 몇 개를 가지고 있습니다. 다음 물음에 답하시오.(5~8)

5 오른손에 5개를 가지고 있다면, 바둑돌은 모두 몇 개입니까?

[식]   [답]

6 왼손과 오른손에 있는 바둑돌이 모두 8개가 되려면, 오른손에 몇 개가 있어야 합니까?

[식]   [답]

7 오른손에 있는 바둑돌이 왼손에 있는 것보다 2개 더 적습니다. 예 담이가 가지고 있는 바둑돌은 모두 몇 개입니까?

[식]   [답]

8 왼손에 있는 바둑돌이 오른손에 있는 것보다 3개 더 적습니다. 오 른손에 있는 바둑돌은 몇 개입니까?

[식]   [답]

 확인 학습

★ 이름 :

★ 날짜 :

★ 시간 :　　시　분~　시　분

확인

1 두 수 ㉠와 ㉡의 합이 **8**이 되는 경우를 **4**가지만 더 쓰시오.

+					
㉠	5				
㉡	3				

2 두 수 ㉠와 ㉡의 차가 **3**이 되는 경우를 **4**가지만 더 쓰시오.

−					
㉠	7				
㉡	4				

3 세 수 ㉠, ㉡, ㉢의 합이 **9**가 되도록 빈 곳에 알맞은 수를 써넣으시오.

+ +					
㉠	5	7	6		3
㉡	2	1		2	
㉢	2		1	3	3

E-116b

다음 ☐ 안에 같은 수를 써넣어 덧셈식을 만드시오.(4~7)

4 ☐ + ☐ = 2

5 ☐ + ☐ = 6

6 ☐ + ☐ = 4

7 ☐ + ☐ = 8

숫자 카드 2 , 3 , 4 , 1 중에서 두 장을 골라 더할 때, 합을 가장 크게 하려면 어떤 숫자 카드를 골라야 합니까? 또, 합을 가장 작게 하려면 어떤 숫자 카드를 골라야 합니까?(8~9)

8 합이 가장 큰 경우

[답]

9 합이 가장 작은 경우

[답]

E-117a

🌸 이름 :

🌸 날짜 :

🌸 시간 : 　시　분~　시　분

확인

1 어떤 두 수 ㉮와 ㉯의 합이 5일 때, ㉯와 ㉮의 합은 얼마입니까?

$$ ㉮ + ㉯ = 5 $$

$$ ㉯ + ㉮ = \boxed{} $$

🐸 합이 7인 덧셈식을 4개만 만드시오.(2~5)

2 $\boxed{} + \boxed{} = 7$ **3** $\boxed{} + \boxed{} = 7$

4 $\boxed{} + \boxed{} = 7$ **5** $\boxed{} + \boxed{} = 7$

🐸 차가 4인 뺄셈식을 4개만 만드시오.(6~9)

6 $\boxed{} - \boxed{} = 4$ **7** $\boxed{} - \boxed{} = 4$

8 $\boxed{} - \boxed{} = 4$ **9** $\boxed{} - \boxed{} = 4$

확인 학습 ☕

👻 어린이 8명이 교실 청소를 하고 있습니다. 그중에서 안경을 쓴 어린이가 3명입니다. 다음 물음에 답하시오.(10~13)

10 교실에서 청소를 하고 있는 어린이는 몇 명입니까?

[답] _____

11 안경을 쓴 어린이는 몇 명입니까?

[답] _____

12 안경을 쓰지 않은 어린이는 몇 명인지 알아보는 식을 쓰시오.

[식] _____

13 안경을 쓰지 않은 어린이는 몇 명입니까?

[답] _____

 확인 학습

E-118a

🌸 이름 :

🌸 날짜 :

🌸 시간 :   시   분 ~   시   분

확인

🌐 창의력 학습

민경이가 집을 찾아가려고 합니다. 빨간 동그라미 안의 숫자는 더하고,
파란 동그라미 안의 숫자는 뺍니다. 5가 되도록 집을 찾아가 보시오.

원숭이 다섯 마리가 빈 번호판을 가지고 있습니다. 1부터 5까지의 수를 빈 번호판에 한 번씩만 써넣어서, 가로로 더하거나 세로로 더해도 합이 같도록 만들어 보시오.

✿ 이름 :

✿ 날짜 :

✿ 시간 : 시 분 ~ 시 분

확인

 **경시 대회 예상 문제**

1 다음 그림에서 위에 있는 수는 바로 아래에 있는 두 수의 합입니다. 빈 곳에 알맞은 수를 써넣으시오.

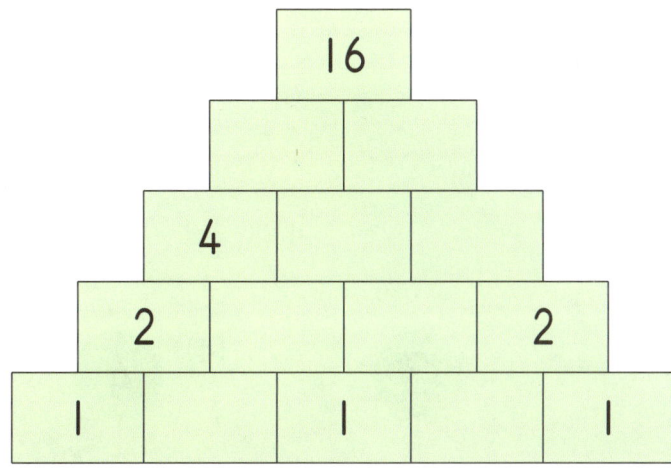

2 가로, 세로에 있는 세 수를 더하면 9가 됩니다. 다음 빈 곳에 알맞은 수를 써넣으시오.

(1)

3		1
	2	
	2	1

(2)

4	1	
		2
	3	

3 다음 빈 곳에 알맞은 수를 써넣으시오.

(1)
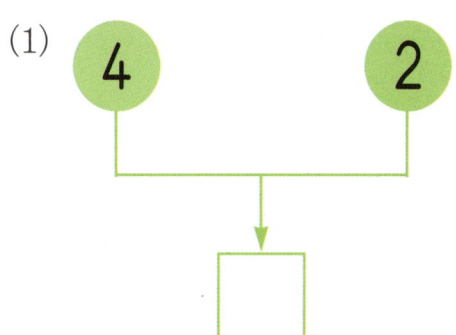

(2)
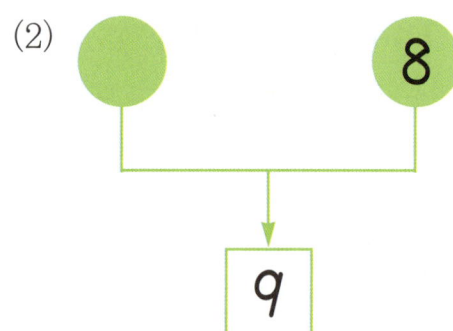

(3)
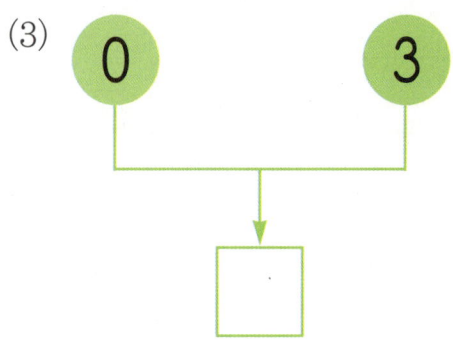

(4)
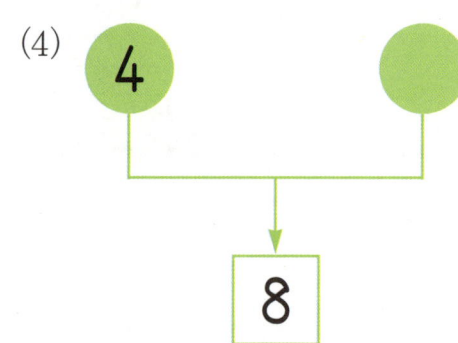

(5)
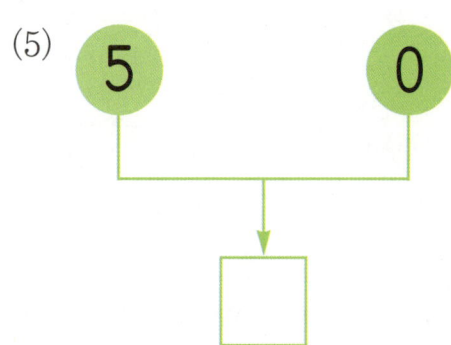

(6)
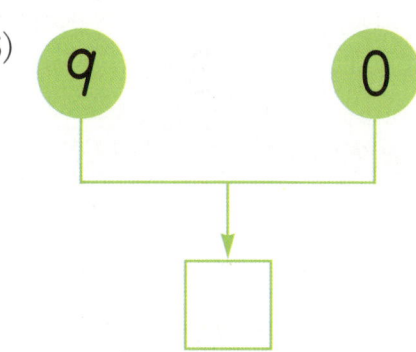

★ 이름 :

★ 날짜 :

★ 시간 :　　시　　분 ~　　시　　분

확인

4 다음 ☐ 안에 알맞은 수를 써넣으시오.

(1)　4 + 2 = 2 + ☐

(2)　5 + 3 = ☐ + 5

(3)　☐ + 1 = 1 + 4

5 다음 덧셈식과 뺄셈식을 읽어 보시오.

(1)　7 + 2 = 9

➡　• 읽기 : _____

(2)　3 + 5 = 8

➡　• 읽기 : _____

(3)　5 - 2 = 3

➡　• 읽기 : _____

6 색칠한 부분의 넓이가 넓은 것부터 차례로 번호를 쓰시오.

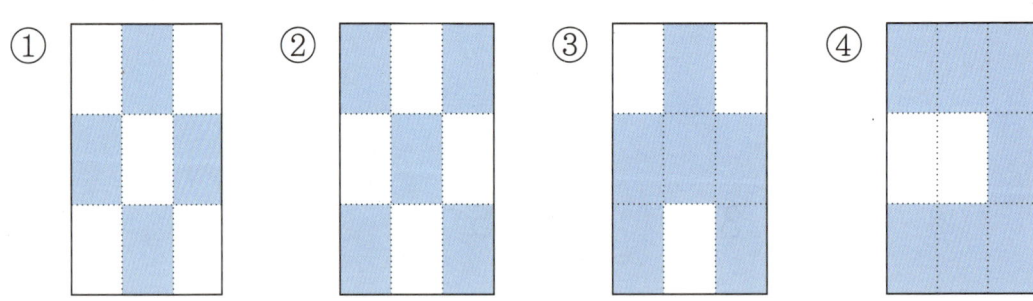

➜ 넓은 것부터 : _____

7 가에서 나까지의 거리가 가까운 곳부터 차례로 번호를 쓰시오.

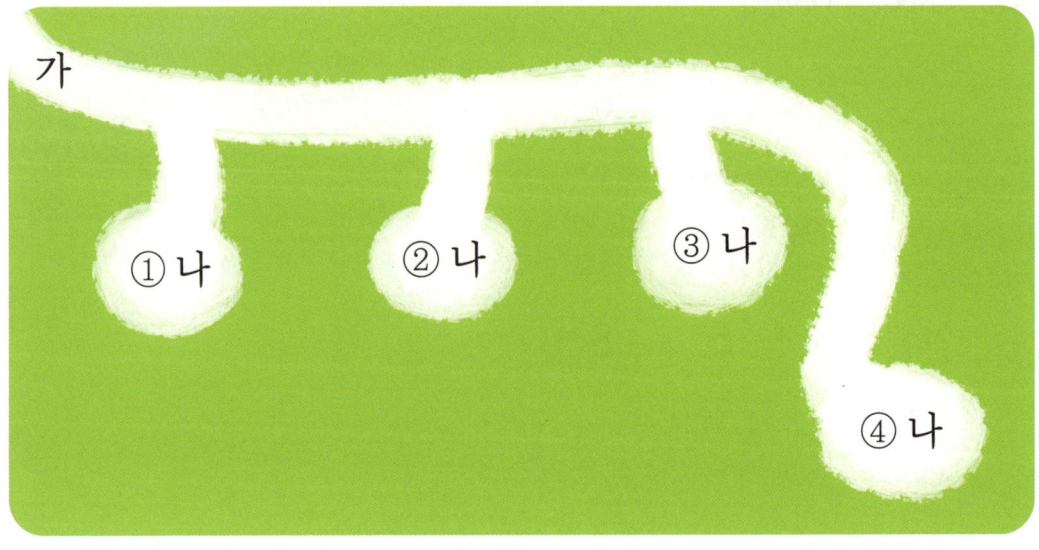

➜ 가까운 곳부터 : _____

1. 다음 중 수 7의 가르기가 바르지 <u>못한</u> 것은 어느 것입니까?

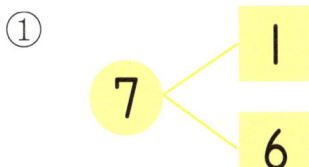

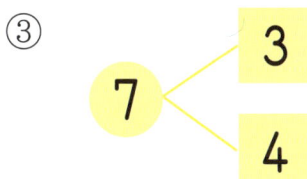

2. 다음 그림을 보고 ☐ 안에 알맞은 수를 써넣으시오.

3. 다음 계산을 하시오.

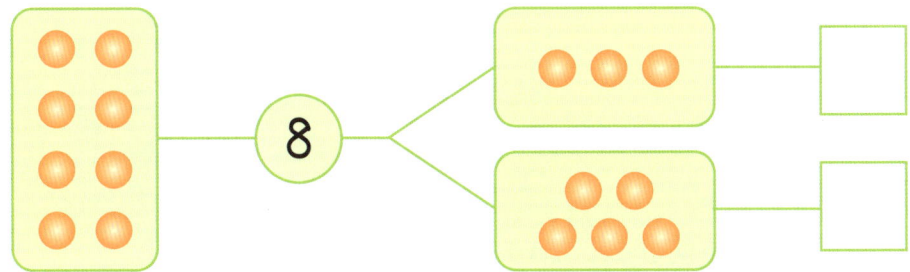

(1) 1 + 8 = ☐   (2) 0 + 7 = ☐

4. 다음 ☐ 안에 알맞은 수를 써넣으시오.

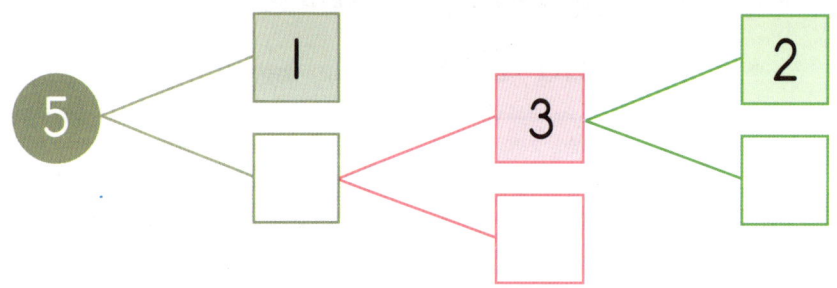

5. 다음 빈 곳에 알맞은 수를 써넣으시오.

2	4	0
7		
3		

(위: +2, −4)

6. 다음 ☐ 안에 알맞은 수를 써넣으시오.

(1) 1 + ☐ = 9   (2) ☐ + 2 = 9

(3) 3 + ☐ = 9   (4) ☐ + 4 = 9

7. 길이가 긴 것부터 차례로 기호를 쓰시오.

   ㉠ ————————————————

   ㉡ ∿∿∿∿∿∿∿∿∿∿∿∿

   ㉢ ～～～～～～～～～

     ➡ 긴 순서 : _____

8. 다음 중 가장 좁은 쪽에 △표 하시오.

(가)   (나)   (다)

   [   ]   [   ]   [   ]

9. 다음 중 가장 무거운 쪽에 ◯표 하시오.

(가)   (나)   (다)

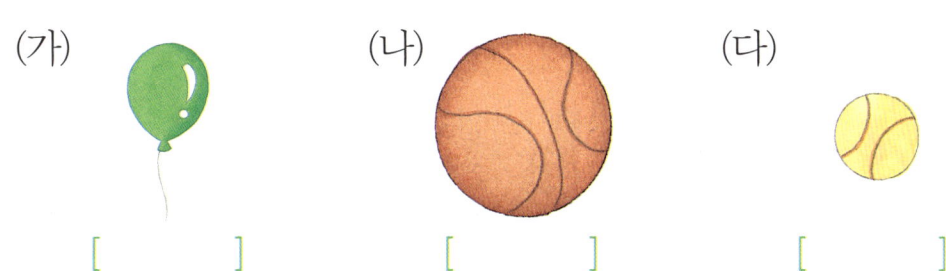

   [   ]   [   ]   [   ]

10. 다음 중 주스가 가장 많이 들어 있는 쪽에 ○표 하시오.

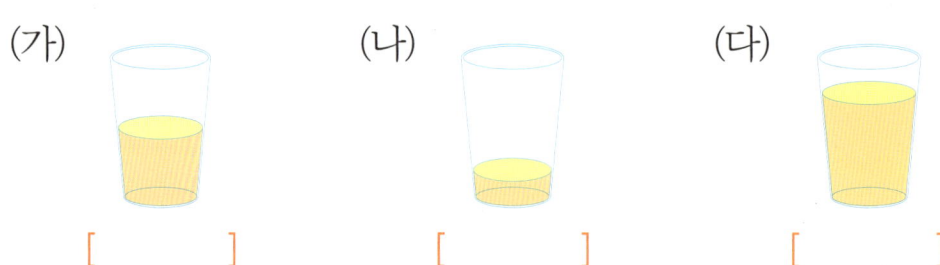

(가) [   ]   (나) [   ]   (다) [   ]

11. 8을 가르면 어떻게 나누어집니까? 빈 곳에 알맞은 수를 써넣으시오.

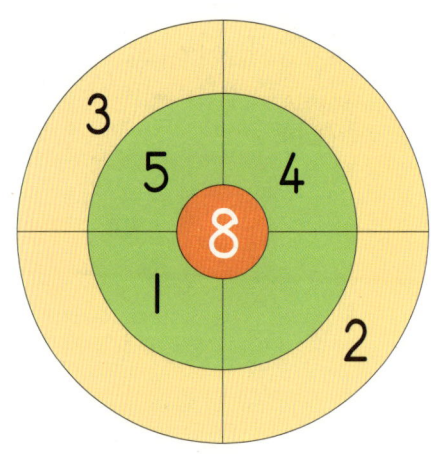

12. 지영이는 숫자 카드 두 장을 가지고 있습니다. 지영이가 가진 숫자 카드의 두 수를 더했더니 9가 되었습니다. 그리고 큰 수에서 작은 수를 뺐더니 7이 되었습니다. 지영이가 가진 숫자 카드의 두 수는 무엇입니까?

[답]

13. 여자 어린이 3명과 남자 어린이 5명이 공원에서 놀고 있습니다.
남자 어린이는 여자 어린이보다 몇 명 더 많습니까?

[식] _____   [답] _____

14. 다음 중 계산한 값이 가장 큰 것은 어느 것입니까?

① 3 + 5   ② 9 − 2   ③ 7 − 1   ④ 5 − 0

15. 다음 그림을 보고 +, −, = 중에서 알맞은 것을 ○ 안에 써넣으시오.

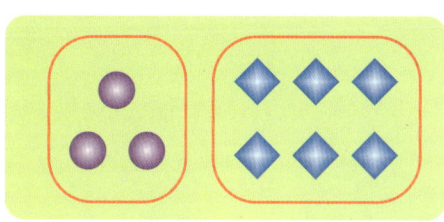   3 ◯ 6 ◯ 9

16. 세정이네 집에 귤이 8개 있었습니다. 그런데 배가 고픈 세정이가
그중에서 5개를 먹었습니다. 남은 귤은 몇 개입니까?

[식] _____   [답] _____

17. 놀이터에서 **8**명의 어린이가 놀고 있습니다. 잠시 후에 **3**명이 집에 가고 **1**명이 더 놀러왔습니다. 놀이터에는 모두 몇 명이 있습니까?

[식]   [답]

18. 주차장에 자동차 **9**대가 있습니다. **3**대가 빠져 나가면 몇 대가 남습니까?

[식]   [답]

19. 구명 보트에는 **9**명 밖에 탈 수 없습니다. 지금 **6**명이 타고 있다면, 몇 명이 더 탈 수 있습니까?

[식]   [답]

20. 무게가 무거운 것부터 차례로 번호를 쓰시오.

①   ②   ③

➔ 무거운 순서 : _____

61a

1.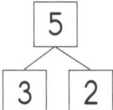
   3
   2 1

2.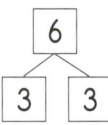
   4
   3 1

3.
   5
   3 2

4.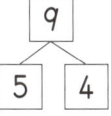
   6
   3 3

61b

5.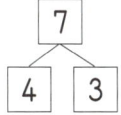
   8
   5 3

6.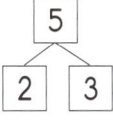
   9
   5 4

7.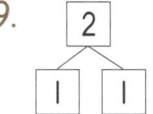
   7
   4 3

8.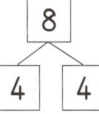
   5
   2 3

9.
   2
   1 1

10.
   8
   4 4

62a

1. 5   2. 3   3. 3

4. 4   5. 6   6. 4

62b

7. 1   8. 1   9. 2

10. 6   11. 3   12. 3

63a

1. ○○○   2. ○○○

3. ○○○   4. ○○○

63b

5. ○○○   6. ○○○○

7. ○○○   8.  ○○○

9. ○○○
   ○○○

10. ○○

64a

1. 1   2. 4   3. 5

4. 5   5. 2   6. 3

64b

7. 1   8. 2   9. 2

10. 3   11. 4   12. 5

65a

1. ○○

2. ○○○○○

3. ○○○○○
   ○○

4. ○○○○○
   ○○○○

5. ○○○○○
   ○

6. ○○○○○
   ○○○

65b

7. ○○○○○

8. ○○○○○
   ○○

9. ○○○○○
   ○○

10. ○○○○○
    ○

※해답은 따로 보관하고 있다가 채점할 때 사용해 주세요.

11. ○○○○○ ○○○○

12. ○○○○○ ○○○

66a

1. 2 2 → 4

2. 4 2 → 6

3. 1 2 → 3

4. 6 2 → 8

66b

5. 4 4 → 8

6. 4 5 → 9

7. 3 6 → 9

8. 5 2 → 7

67a

1. 9 2. 9

3. 9 4. 9

67b

5. 5 6. 5 7. 6

8. 7 9. 6 10. 6

68a

1. ○○○○○ ○○

2. ○○○○○ ○

3. ○○○○○ ○○

4. ○○○○○ ○

5. ○○○○○ ○○○

6. ○○○○○ ○○○

68b

7. ○○○○

8. ○○○○○ ○

9. ○○○○

10. ○○○○○ ○○○

11. ○○○○○ ○○○○

12. ○○

69a

1. 2 2. 5 3. 7
4. 6 5. 9 6. 8

69b

7. 9 8. 8 9. 7
10. 6 11. 6 12. 7

70a

1. 1 2. 5 3. 3
4. 7 5. 9 6. 8

70b

7. 8 8. 3 9. 4
10. 2 11. 3 12. 2

71a

1. (1) 4 (2) 3 (3) 2 (4) 1

2. 2자루 3. 1자루

※해답은 따로 보관하고 있다가 채점할 때 사용해 주세요.

71b

4. 5명 풀이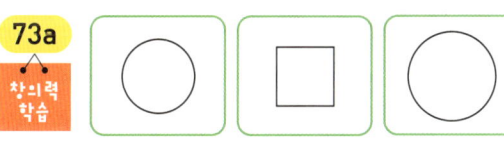
여자 어린이

5. 2명 풀이
남자 어린이

6. 8명 풀이
여자 어린이

7. 6명 풀이
그네 타는 어린이

8. 7명 풀이
집으로 간 어린이

72a

1. (1) 5 (2) 4 (3) 3 (4) 2 (5) 1

2. 3개, 3개   3. 2개

72b

4. (1) 7 (2) 6 (3) 5 (4) 4
   (5) 5, 3 (6) 6, 2 (7) 7, 1

5. 4자루, 4자루

73a 창의력 학습

73b 창의력 학습

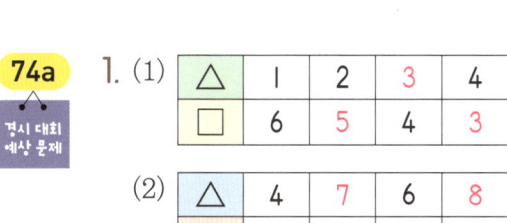

74a 경시 대회 예상 문제

1. (1)

△	1	2	3	4
□	6	5	4	3

   (2)

△	4	7	6	8
□	5	2	3	1

2. (1) 3 (2) 3 (3) 5 (4) 7

74b 경시 대회 예상 문제

3. 3개 풀이
검은색 바둑돌 흰색 바둑돌

4. 4개 풀이
4   4

5. 9장 풀이
빨간 색종이 파란 색종이

75a 경시 대회 예상 문제

6. (1, 3), (2, 2), (3, 1)

7. 3자루 풀이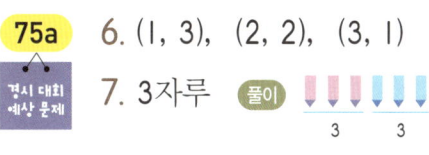
3   3

8. 2개 풀이
언니

75b 경시 대회 예상 문제

9. 4개 풀이
동생

10. 3개 풀이
누나   동생

11. 2명 풀이
처음 어린이

76a

1. 3, 3, 6, 6

76b

2. 3, 8   3. 4, 9

77a

1. 2, 7   2. 3, 8

77b

3. 9   4. 3, 7

78a

1.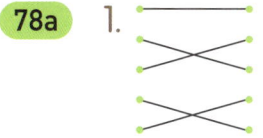

78b

2. 1+5   3. 2+6   4. 4+5

5. 3+2   6. 5+2   7. 6+3

8. 8+1

79a
1. 4 더하기 2
2. 5 더하기 3
3. 6 더하기 2
4. 7 더하기 2
5. 3 더하기 6
6. 6 더하기 1
7. 5 더하기 3

79b
8. 4+3, 4 더하기 3
9. 5+4, 5 더하기 4
10. 2+6, 2 더하기 6
11. 4+2, 4 더하기 2
12. 5+3, 5 더하기 3

80a
1. 3+3=6
2. 5+2=7
3. 8+1=9
4. 7+2=9
5. 4+4=8

80b
6. 5+3=8
7. 6+3=9
8. 7+2=9
9. 5+4=9
10. 4+4=8

81a
1. 4
2. 6
3. 6
4. 7
5. 8
6. 9
7. 9
8. 9
9. 6
10. 6

81b
11. 3+2=5, 5
12. 5+4=9, 9
13. 4+3=7, 7

82a
1. 6, 2, 4, 4

82b
2. 3, 4
3. 3, 5

83a
1. 9, 7
2. 7, 3

83b
3. 9, 3, 6
4. 8, 4, 4

84a
1.
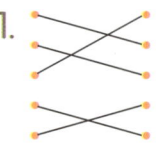

84b
2. 7-5
3. 5-1
4. 8-6
5. 9-7
6. 6-3
7. 7-2

85a
1. 5 빼기 3
2. 4 빼기 1
3. 9 빼기 7
4. 8 빼기 2
5. 7 빼기 4

85b
6. 8-2, 8 빼기 2
7. 9-3, 9 빼기 3
8. 9-4, 9 빼기 4
9. 7-3, 7 빼기 3
10. 8-4, 8 빼기 4

86a
1. 6-2=4
2. 8-5=3
3. 9-5=4
4. 6-5=1

86b
5. 3명 풀이 8-5=3
6. 6명 풀이 8-2=6
7. 5명 풀이 8-3=5
8. 4명

풀이

남자	0	1	2	3	4	5	6	7	8
여자	8	7	6	5	4	3	2	1	0

9. 2명 풀이 8-6=2

87a
1. 1
2. 1
3. 2
4. 4
5. 1
6. 5
7. 2
8. 1
9. 2
10. 3

87b
11. $7-3=4$, 4
12. $5-3=2$, 2
13. $9-4=5$, 5

88a
생략

88b
예)

89a
1. 풀이 참조
풀이 $4-1=3$, $3-0=3$, $5-2=3$,
$6-3=3$, $7-4=3$, $8-5=3$,
$9-6=3$

2. 풀이 참조
풀이 $9-0=9$, $9-1=8$, $9-2=7$,
$9-3=6$, $9-4=5$, $9-5=4$,
$9-6=3$, $9-7=2$, $9-8=1$,
$9-9=0$

3. 풀이 참조
풀이 $4+4=8$, $0+8=8$, $1+7=8$,
$2+6=8$, $3+5=8$, $5+3=8$,
$6+2=8$, $7+1=8$, $8+0=8$

89b
4. (1) 4, 3, 2   (2) 5, 4, 3
(3) 7, 5, 2   (4) 5, 3, 2
(5) 3, 2, 1   (6) 1, 4, 2
(7) 5, 4, 3   (8) 2, 1

90a
경시 대회
예상 문제
5. [식] $(5+4)-3=6$ [답] 6장
　　　색종이　도화지
6. [식] $7-2=5$ [답] 5병
7. [식] $5+(5-3)=7$ [답] 7살
　　　나　　동생

90b
경시 대회
예상 문제
8. [식] $9-4=5$ [답] 5개
9. 4개   풀이 $9-1=8$
→ 8개를 누나와 동생이 똑같이
나누려면 4개씩 가지면 됩니다.
10. [식] $4+2-2+3=7$ [답] 7마리

91a
1. (가) - [O]   2. (나) - [O]

91b
3. (나) - [△]   4. (나) - [△]
5. (가) - [△]

92a
1. (나) - [O]   2. (다) - [O]

92b
3. (나) - [△]   4. (다) - [△]
5. (나) - [△]

93a
1. (가) - [□]   2. (다) - [□]
3. (나) - [□]

93b
4. (가) - [△] (다) - [O]
5. (가) - [O] (다) - [△]
6. (가) - [△] (다) - [O]

94a
1. (나) - [O]   2. (가) - [O]

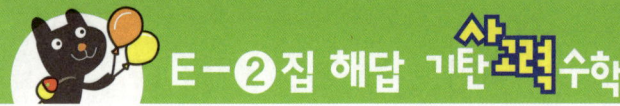
94b　3. (가) – [△]　　4. (나) – [△]
　　　　5. (가) – [△]

95a　1. (나) – [○]　　2. (다) – [△]

95b　3. (나) – [○]　　4. (다) – [△]
　　　　5. (다) – [△]

96a　1. (나) – [○]　　2. (가) – [○]

96b　3. (가) – [△]　　4. (나) – [△]
　　　　5. (가) – [△]

97a　1. (가) – [○]　　2. (다) – [○]

97b　3. (다) – [□]
　　　　4. (가) – [△]　(나) – [○]
　　　　　 (다) – [□]
　　　　5. (가) – [□]　(나) – [○]
　　　　　 (다) – [△]

98a　1. (가) – [○]　　2. (가) – [○]

98b　3. (가) – [△]　　4. (나) – [△]
　　　　5. (나) – [○]

99a　1. (가) – [○]　　2. (나) – [△]

99b　3. (가) – [○]
　　　　4. (가) – [△]　(나) – [□]
　　　　　 (다) – [○]
　　　　5. (가) – [○]　(나) – [□]
　　　　　 (다) – [△]

100a　1. (가) – [○]　　2. (나) – [○]

100b　3. (가) – [△]　　4. (나) – [△]
　　　　5. (가) – [○]

101a　1. (다) – [○]　　2. (가) – [△]

101b　3. (가) – [□]
　　　　4. (가) – [△]　(나) – [□]
　　　　　 (다) – [○]
　　　　5. (가) – [○]　(나) – [□]
　　　　　 (다) – [△]

102a　1. (가) – [○]　　2. (가) – [○]

102b　3. (가) – [△]　　4. (나) – [△]
　　　　5. (나) – [○]

103a　1. (나) – [○]　　2. (나) – [△]

103b　3. (가) – [□]
　　　　4. (가) – [□]　(나) – [△]
　　　　　 (다) – [○]
　　　　5. (가) – [□]　(나) – [△]
　　　　　 (다) – [○]

104a 생략

104b (1) 엄마
　　　　(2) 아빠

105a 1. ③, ①, ②
　　　　2. 무밭, 배추밭, 당근밭
　　　　3. 한별, 보람, 나리, 슬기, 연실

105b

경시 대회
예상 문제

4. ②   5. ②

6. (1) [○] [△] (2) [△] [○]

106a

1. 9   2. 7   3. 5

4. 3   5. 4   6. 4

106b

7. 2개

풀이 $9-5=4$, $4 \begin{smallmatrix} 2 \\ 2 \end{smallmatrix}$

9개의 귤 중에서 슬기에게 5개를 주었으므로 4개가 남습니다. 4개를 누리와 한별이에게 똑같이 나누어 주려면 2개씩 주면 됩니다.

8. [식] $4+5-3=6$ [답] 6장

풀이 색종이가 모두 9장이므로, 동생이 3장을 가지면 언니는 6장을 갖게 됩니다.

9. [식] $7-2-2=3$ [답] 3자루

풀이 친구 2명에게 2자루씩 주었으므로, 4자루를 주고 남은 3자루를 동생이 갖게 됩니다.

107a

1.
4	3	8	7	5
5	6	1	2	4

2.
4	3	2	1	0
4	5	6	7	8

3.
6	0	5	4	3
1	7	2	3	4

4.
2	1	0	3	4
4	5	6	3	2

107b

5. [식] $(8-3)-3=2$ [답] 2개

풀이 껌 8개에서 친구에게 3개를 주면 한솔이는 5개, 친구는 3개를 갖게 됩니다. 따라서 한솔이가 친구보다 2개 더 많습니다.

6. [식] $8-6=2$ [답] 2개

7. [식] $9-5-3=1$ [답] 1명

108a

1. [식] $8-5=3$ [답] 3개

2. [식] $9-4=5$ [답] 5마리

3. [식] $7-4=3$ [답] 3대

108b

4. [식] $8-4=4$ [답] 4개

5. [식] $8-3=5$ [답] 5개

6. 4개, 4개

풀이 바둑돌이 모두 8개이므로 합해서 8이 되는 경우는

오른손	0	1	2	3	4	5	6	7	8
왼손	8	7	6	5	4	3	2	1	0

입니다. 양손에 바둑돌을 똑같이 가지려면 4개씩 가지면 됩니다.

7. [식] $7-2=5$ [답] 5개

109a

1. (1) 6, 3, 9
   (2) 6 더하기 3은 9와 같습니다. (6과 3의 합은 9입니다.)

2. (1) 9, 3, 6
   (2) 9 빼기 3은 6과 같습니다. (9와 3의 차는 6입니다.)

109b

3. 8   4. 7   5. 4

6. 3   7. 8   8. 6

9. $9-5=4$, $9-4=5$

10. $9-7=2$, $9-2=7$

110a

1. $3+5=8$, $5+3=8$

2. $2+5=7$, $5+2=7$

3. $4+2=6$, $2+4=6$

4. 3 5. 3 6. 3

7. 7 8. Ⅰ 9. 5

110b 10. 8−2, 7−Ⅰ, 6−0

11. 풀이 참조

풀이 0+6, Ⅰ+5, 3+3, 4+2, 5+Ⅰ, 6+0

12. 3, 6, 8, 9

13. [식] 7+(7−5)=9 [답] 9개
    <u>굴</u> <u>사과</u>

111a 1. [식] 3+2+4=9 [답] 9자루

2. 9개

풀이 4+(4−2)+(4−2+Ⅰ)=9
   <u>두리</u> <u>초롱</u> <u>은별</u>

3. 2 풀이 Ⅰ+Ⅰ=2

111b 4. [식] 5−2+6=9 [답] 9마리

5. [식] 2+5=7 [답] 7개

풀이 펼친 손가락은 가위를 냈을 때 2개, 보를 냈을 때 5개입니다.

6. [식] (Ⅰ+2+3)−5=Ⅰ [답] Ⅰ

112a 1. (다) − [○] 2. (나) − [△]

3. (나) − [□]

112b 4. ①, ③, ② 5. (나) − [○]

6. (가) − [□]

113a 1. (가) − [△] 2. ③, ①, ②, ④

113b 3. ④, ②, ①, ③

4.
	가		다		
		나		라	

5.
		(Ⅰ)		(2)		(3)
	(4)					

114a 1. [ ] [△] 2. [△] [ ]

3. ①, ②, ③, ④

4. 스펀지, 책, 벽돌

114b 5. 예) (가) [많다] (나) [적다]

6. 예) (가) [낮다] (나) [높다]

7. 예) (가) [가볍다] (나) [무겁다]

115a 1. [식] 6−4=2 [답] 2명

풀이 (1~3) 어린이가 모두 6명이므로

남자	0	Ⅰ	2	3	4	5	6
여자	6	5	4	3	2	Ⅰ	0

남자 어린이가 4명일 때, 여자 어린이는 2명입니다.

2. 3명, 3명

풀이 모두 6명이므로 남자 3명, 여자 3명이면 어린이의 수가 같습니다.

3. Ⅰ명

풀이 여자 어린이가 남자 어린이보다 4명 더 많은 경우는 여자 5명, 남자 Ⅰ명일 때입니다.

4. [식] 9−6=3 [답] 3명

115b 5. [식] 4+5=9 [답] 9개

6. [식] 8−4=4 [답] 4개

7. [식] 4+(4−2)=6 [답] 6개
    <u>왼손</u> <u>오른손</u>

8. [식] 4+3=7 [답] 7개

116a

1. 예)

㉮	5	6	7	8	4
㉯	3	2	1	0	4

2. 예)

㉮	7	8	9	6	5
㉯	4	5	6	3	2

3.

㉮	5	7	6	4	3
㉯	2	1	2	2	3
㉰	2	1	1	3	3

116b

4. 1, 1

5. 3, 3

6. 2, 2

7. 4, 4

8. 3, 4 (풀이) 합이 가장 큰 경우는 3+4=7입니다.

9. 1, 2 (풀이) 합이 가장 작은 경우는 1+2=3입니다.

117a

1. 5

2~5. 풀이 참조

(풀이) 0+7=7, 1+6=7, 2+5=7, 3+4=7, 4+3=7, 5+2=7, 6+1=7, 7+0=7

6~9. 풀이 참조

(풀이) 9-5=4, 8-4=4, 7-3=4, 6-2=4, 5-1=4, 4-0=4

117b

10. 8명

11. 3명

12. 8-3=5

13. 5명

118a
창의력 학습

118b
창의력 학습

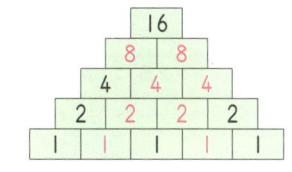

119a
경시 대회 예상 문제

1.

			16			
		8		8		
	4		4		4	
2		2		2		2
1	1	1	1	1	1	1

2. (1)

3	5	1
0	2	7
6	2	1

(2)

4	1	4
2	5	2
3	3	3

119b
경시 대회 예상 문제

3. (1) 6 (2) 1 (3) 3 (4) 4
   (5) 5 (6) 9

120a
경시 대회 예상 문제

4. (1) 4 (2) 3 (3) 4

5. 예) (1) 7과 2의 합은 9입니다.
   (2) 3 더하기 5는 8과 같습니다.
   (3) 5 빼기 2는 3과 같습니다.

120b
경시 대회 예상 문제

6. ④, ③, ②, ①

7. ①, ②, ③, ④

성취도 테스트

1. ④

2. 3, 5

3. (1) 9 (2) 7

4. 4, 1, 1

5.

2	4	0
7	9	5
3	5	1

6. (1) 8 (2) 7 (3) 6 (4) 5

7. ㉡, ㉢, ㉠

8. (다) − [△]

9. (나) − [○]

10. (다) − [○]

11.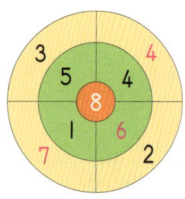

12. 8, 1 풀이 두 수를 더해서 9가 되는 경우는

큰 수	5	6	7	8	9
작은 수	4	3	2	1	0

입니다. 이 중에서 큰 수에서 작은 수를 빼서 7이 되는 경우는 8, 1 일 때입니다.

13. [식] 5−3=2   [답] 2명

14. ①

15. +, =

16. [식] 8−5=3   [답] 3개

17. [식] 8−3+1=6   [답] 6명

18. [식] 9−3=6   [답] 6대

19. [식] 9−6=3   [답] 3명

20. ②, ①, ③